油气藏地质及开发工程国家重点实验室资助

低渗致密砂岩非线性有效应力

赵金洲　肖文联　李　闽　著

科学出版社

北　京

内 容 简 介

本书内容源于作者及其研究团队近十年来围绕岩石有效应力方面所开展的研究工作。本书共分为四章，内容涉及岩石有效应力理论、实验和数值模拟，以及其在油气田开发中的应用。本书主要内容有：有效应力的概念、有效应力系数的定义及其关系、孔隙型岩石和裂缝型岩石的渗透率有效应力模型、岩石变形特征与有效应力系数的关系、逾渗理论与水电相似原理、随机孔隙网络模型建立与模拟、非线性有效应力实验测试装置与测试方案、非线性有效应力计算方法、渗透率与有效应力关系模型、应力敏感性评价标准等。同时，全书附有相关参考文献，便于读者对相关信息进行追踪与收集。

本书可供油气田开发工程、油气井工程、地质和环境等诸多领域的教师、研究生、工程技术人员及研究人员参考。

图书在版编目（CIP）数据

低渗致密砂岩非线性有效应力/赵金洲，肖文联，李闽著. —北京：科学出版社，2017.3

ISBN 978-7-03-041285-0

Ⅰ．①低⋯　Ⅱ．①赵⋯　②肖⋯　③李⋯　Ⅲ．①低渗透储集层-致密砂岩-非线性-有效应力　Ⅳ．①P588.21

中国版本图书馆 CIP 数据核字（2014）第 138500 号

责任编辑：张　展　罗　莉 / 责任校对：邓利娜
责任印制：罗　科 / 封面设计：墨创文化

科　学　出　版　社 出版
北京东黄城根北街 16 号
邮政编码：100717
http://www.sciencep.com

四川煤田地质制图印刷厂印刷
科学出版社发行　各地新华书店经销

＊

2017 年 3 月第 一 版　　开本：B5（720×1000）
2017 年 3 月第一次印刷　　印张：12
字数：254 000

定价：118.00 元
（如有印装质量问题，我社负责调换）

前　言

在我国已被发现和开发的油藏中，低渗致密油气藏分布广泛且占有相当大的比例。根据现有的统计资料，低渗透天然气地质储量占全国天然气储量的 63.6%，而低渗油藏储量占到石油资源总量的近 1/3。近年来，新增石油探明储量的一半来自陆相低渗致密储层，且对应的难动用储量大部分是低渗致密砂岩储层。这类储层的显著特点之一是发育有高角度的构造裂缝，以及水平层理缝、粒内缝、粒缘缝等成岩裂缝。粒内缝和粒缘缝是沟通储层基质粒间孔隙和粒内溶孔的重要通道（曾联波等，2008）。这些沟通岩石孔隙的微裂缝在石油与天然气开采过程中会开启或闭合，导致岩石物性（如渗透率）的变化规律不再遵循线性有效应力方程，而符合非线性有效应力方程（李闽等，2009b；肖文联等，2013）。

然而，也许是为了简便起见，也可能受长期固化认识的影响，在实际应用时大家基本上都是用线性有效应力方程（$p_{eff}=p_c-\kappa p_f$，其中，有效应力系数 κ 是常数）。在 κ 是常数（特别是 $\kappa=1$）时，容易通过线性有效应力方程，把岩石物性参数与变量围压和孔隙流体压力的变化关系转化成岩石物性随孔隙流体压力的变化结果，并将岩石物性转化成与单一变量之间的关系。作者及其所在的研究团队经过近十年的研究，不仅发现了有效应力具有非线性的特点，而且实现了用非线性有效应力方程描述低渗致密砂岩，即论证了具有实际应用意义的非线性有效应力。

本书是作者及其所在研究团队共同努力研究的结晶。全书共分为四章，主要内容包括非线性有效应力理论模型、实验装置改进与方案设计、实验数据处理分析方法、随机孔隙网络模型建立与模拟，以及应力敏感性评价及其应用等。本书由赵金洲教授统稿，赵金洲教授、肖文联博士和李闽教授共同撰写完成，研究团队的一批博士生和硕士生也参与了相关实验、图件处理等工作。

最后，特别感谢西南石油大学油气藏地质及开发工程国家重点实验室对作者研究工作的一贯支持。感谢美国麻省理工学院的 Bernabé 教授对本书 3D 微观实验方面提供的帮助和对本书修改方面所提的建议。感谢西南石油大学唐洪明教授、陶忠艳老师，西南油气田分公司周克明高级工程师，中国科学院武汉岩土力学研究所李小春研究员对本书研究工作所提出的建议与意见。

作　者

2016 年 8 月

目　　录

第1章 渗透率有效应力理论

1.1 渗透率有效应力定义及理论研究进展

1.1.1 有效应力的定义

当饱和孔隙流体岩石所受应力发生改变时，岩石的物理性质（如渗透率 k、孔隙度 ϕ、压缩系数 C_f 等）会在围压 p_c 和孔隙流体压力 p_f 的作用下发生改变。因此，岩石的物理性质是围压和孔隙流体压力的函数。假设岩石物理性质是渗透率，当忽略应力滞后效应和实验流体与岩石间的物理化学反应（Robin，1973）时有

$$k = K(p_c, p_f) \tag{1-1}$$

当孔隙流体压力 p_f=0 时，方程（1-1）可改写为

$$k = K(p_c, 0) = K_0(p_{\text{eff}}) \tag{1-2}$$

其中，p_{eff} 为有效应力，数值上等于 p_f 为零时对应的围压 p_c，其对岩石渗透率的作用效果与孔隙流体压力 p_f 为零时围压对岩石渗透率的作用效果相同，也与某一围压 p_c 和孔隙流体压力 p_f 共同对岩石渗透率的作用效果一致。根据方程（1-2）可知，有效应力 p_{eff} 可表示为围压 p_c 和孔隙流体压力 p_f 的函数关系，如：

$$p_{\text{eff}} = P(p_c, p_f) \tag{1-3}$$

通常方程（1-3）可进一步简化为如下表达式（Robin，1973；肖文联，2013）：

$$p_{\text{eff}} = p_c - \kappa p_f \tag{1-4}$$

其中，κ 为有效应力系数（一般认为是常数），无因次参数，与岩石孔隙形状、矿物组成、胶结物等因素有关，表示孔隙流体压力相对围压而言对渗透率影响程度的大小。

依据方程（1-4）可知，只要确定了有效应力系数，就可计算得到有效应力。可见，有效应力的研究主要体现在有效应力系数上。如果有效应力系数 κ 是常数，那么对应的有效应力为线性有效应力；如果有效应力系数是压力（如围压、孔隙流体压力等）的函数，那么对应的有效应力为非线性有效应力。此外，岩石物理性质不同，对应的有效应力也不相同，通常在有效应力之间增加相应的物理性质参数来区分不同性质所对应的有效应力，例如渗透率有效应力、孔隙度有效应力、形变有效应力等（Li et al.，2014；肖文联等，2013）。

方程(1-3)简化为方程(1-4)使得确定渗透率有效应力变得容易。Robin（1973）指出这一简化的依据是，在应力变化范围内，岩石满足弹性变形且孔隙连通性不变，即有效应力系数 κ 为常数——渗透率有效应力为线性有效应力。这也是 κ 计算方法建立的基础。此时，方程（1-4）可以表示为

$$\mathrm{d}p_{\mathrm{eff}} = \mathrm{d}p_c - \kappa\mathrm{d}p_f \tag{1-5}$$

假设方程（1-1）中 $k=K(p_c, p_f)$ 在应力变化范围内连续且可导，那么存在：

$$\mathrm{d}k = (\partial k / \partial p_c)\mathrm{d}p_c + (\partial k / \partial p_f)\mathrm{d}p_f \tag{1-6}$$

Bernabé（1986）基于渗透率有效应力数据和 Todd 声波有效应力数据，推测绘制得到渗透率等值线（图 1-1）。

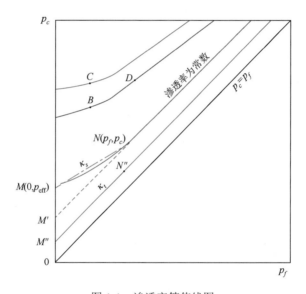

图 1-1　渗透率等值线图

渗透率等值线上压力点 $N(p_f, p_c)$ 及其附近很小范围内有 $\mathrm{d}k=\mathrm{d}p_{\mathrm{eff}}=0$，对比方程（1-5）和方程（1-6），可得到渗透率有效应力系数 κ_t 的表达式如下：

$$\kappa_t = -\frac{\partial k / \partial p_f}{\partial k / \partial p_c} \tag{1-7}$$

有效应力系数为常数意味着表征该关系的曲线簇为相互平行的直线（Bernabé，1986），此时渗透率与围压 p_c 和孔隙流体压力 p_f 之间的函数关系是线性关系。然而，图 1-1 中的该曲线簇不是相互平行的直线关系，因此方程（1-7）并不能表征岩样的这种非线性特征。只有在压力变化很小的范围内，方程（1-7）才成立。例如，图 1-1 中的点 $N(p_f, p_c)$，该压力点及其临近压力点对应的渗透率可视为不变，有效应力不变，则渗透率等值线可视为是相互平行的，此时方程（1-7）表示过点 $N(p_f, p_c)$ 的

切线的斜率，Bernabé 称对应的有效应力系数 κ_t 为"局部"系数或者切线有效应力系数（简称"切线系数"），根据切线系数 κ_t 计算的有效应力称为切线有效应力，并认为这个有效应力系数并没有实际意义。例如，沿图 1-1 中 N 点的切线方向可以延伸至孔隙流体压力为零的 M' 点。显然，M' 点的围压与 N 点等值线延伸至孔隙流体压力为零时的围压（此时 $p_f=0$，$p_c=p_{\text{eff}}$）不相同。图 1-1 中 N 点的围压和孔隙流体压力对岩石渗透率的作用效果与 M 点孔隙流体压力为零时围压对岩石渗透率的作用效果一样，M 点的围压等于 N 点的有效应力 p_{eff}；而 M' 则因渗透率值与 N 点的渗透率值不一样，M' 点的围压不等于 N 点的有效应力 p_{eff}，因此按照方程（1-7）计算有效应力系数得到的有效应力不满足有效应力的基本概念。同时，M' 点的渗透率不等于 N 点的渗透率，这一差别是造成切线有效应力没有实际应用意义的原因。

　　因此，当渗透率等值线是曲线时（图 1-1），有效应力系数 κ 是围压和孔隙流体压力的函数，那么方程（1-4）可以改写为

$$p_{\text{eff}} = p_c - \kappa(p_c, p_f)p_f \tag{1-8}$$

　　由图 1-1 中连接 N 点和 M 点的割线（图中虚线）可以看出，割线连接的 M 和 N 点都在渗透率等值线上。因为孔隙流体压力等于零，M 点的围压就是 M 和 N 点等值线上的有效应力。M 和 N 点的坐标已知，通过建立 M 和 N 点的直线方程，并考虑 M 点的围压$(p_c)_M$等于有效应力 p_{eff}，可得

$$(p_c)_M = p_{\text{eff}} = p_c - \frac{(p_c)_N - (p_c)_M}{(p_f)_N}p_f \tag{1-9}$$

对比方程（1-8）和方程（1-9），得到

$$\kappa_s = \frac{(p_c)_N - (p_{\text{eff}})_M}{(p_f)_N} \tag{1-10}$$

其中，κ_s 被称为割线有效应力系数（简称"割线系数"），根据割线系数 κ_s 计算得到的有效应力称为割线有效应力。

　　这里不妨讨论一下 κ_t 和 κ_s 的关系及对应的切线有效应力和割线有效应力是否满足有效应力的基本定义。

　　（1）当等值线是曲线时，κ_t 和 κ_s 都是围压和孔隙流体压力的函数，两个系数都表现出非线性特征，但是二者不相等，对应的切线有效应力不等于割线有效应力，切线系数 κ_t 对应的是微分有效应力，而割线系数 κ_s 对应的是积分有效应力。切线有效应力不满足有效应力的定义，而割线有效应力满足有效应力的定义。

　　（2）等值线不是相互平行的直线时，切线和割线重合，κ_t 和 κ_s 相等且都是围压和孔隙流体压力的函数，具有非线性特征。例如，图 1-1 中的 M'' 和 N'' 所在的直线上，切线和割线重合并都落在 M'' 和 N'' 所在的等值线上，孔隙流体压力等于零时，M'' 点的渗透率与 M'' 和 N'' 所在等值线上的渗透率处处相等，切线有效应力等于割线有效应力，且都满足有效应力的定义。

（3）当所有等值线均为斜率相等的平行直线时，切线和割线重合，κ_t 和 κ_s 相等且为一常数，用这个常数计算得到的有效应力是线性有效应力，此时切线有效应力等于割线有效应力，且都满足有效应力的定义。因此，用 κ_s 计算得到的有效应力在任何情况下都满足有效应力的定义，而用 κ_t 计算得到的有效应力在情况（1）中不满足有效应力的定义。

很多情况下，κ_t 和 κ_s 是相等的，这是部分岩心的有效应力和渗透率实验数据点在有效应力和渗透率图中重合在一起的原因，这也是以往没有区分两种有效应力系数的根本原因（李闽等，2009）。

结合图 1-1 还可以发现，在孔隙流体压力不变时，B 点的 κ 值大于 C 点；而在围压不变时，C 点的 κ 值小于 D 点，即有效应力系数随围压的增加而减小，随孔隙流体压力的增加而增加，切线系数和割线系数都具有这样的规律。

既然如此，在计算 κ_s 前，并不清楚要计算岩样的 κ_t 和 κ_s 是否相等。在任何情况下割线系数 κ_s 计算得到的有效应力均满足有效应力的定义，满足有效应力定义的切线有效应力只是割线有效应力的特殊情况。

在此特别指出：①不管是方程（1-4）还是方程（1-8），有效应力系数都仅仅与岩石的应力状态相关，忽略了实验方式、化学反应等因素的影响；②计算得到的有效应力需要满足"相同有效应力对应的渗透率相等"这一规律，即有效应力的定义。此外，非线性有效应力在实际工程问题中是普遍存在的，那么要使非线性有效应力与线性有效应力一样具有实际应用意义，除了满足有效应力的定义之外，还必须建立起岩石物理性质与单一变量间的简单关系。例如，对于线性有效应力，由于 κ 是常数，给定不同的变量围压和孔隙流体压力，根据方程（1-4）线性组合得到的有效应力仍然是单一变量，那么就可以把渗透率与围压和孔隙流体压力两变量的关系转化为渗透率与单变量有效应力（围压和孔隙流体压力的线性组合）的关系。换句话说，由方程（1-4）线性组合后得到的变量是单一变量，线性有效应力方程正是通过这种线性组合，将两变量问题转化成了单变量问题，简化了所要研究的问题。当方程（1-4）给出的有效应力系数 κ 不是常数，而是围压和孔隙流体压力的函数（方程（1-8））时，就不能把渗透率与围压和孔隙流体压力两变量的关系转化成渗透率与单变量有效应力（围压和孔隙流体压力的非线性组合）间的关系，除非非线性有效应力系数 κ 是围压和孔隙流体压力线性组合的函数（此时用方程（1-8）可方便地将渗透率转换成有效应力这一单一变量的函数）。

1.1.2 有效应力理论研究进展

渗透率有效应力理论模型包含概念模型和解析模型，这些模型源于对岩石微观孔隙结构特征的认识，这为有效应力的分析和运用奠定了基础。

　　1923 年,Terzaghi 将有效应力引入到多孔介质土壤中以表征孔隙流体压力的影响,认为唯独有效应力作用于固体骨架,于是有效应力也被称为颗粒间的应力。也许是这个原因,在有效应力的研究中常采用微观处理的方法。Terzaghi 于 1925 年提出了点接触的颗粒微观模型(图 1-2),并论证了有效应力等于围压与孔隙流体压力的差值,即有

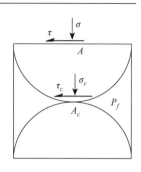

$$p_{\text{eff}} = p_c - p_f \tag{1-11}$$

图 1-2　点接触微观模型

τ. 剪切应力;σ. 总应力相当于围压 P_c;A. 颗粒直径;σ_c. 接触点应力;τ_c. 接触点剪切应力;p_f. 孔隙流体压力;A_c. 接触面积

　　这与方程(1-4)和方程(1-8)中有效应力系数等于 1 时的表达式一样,简单的形式使得其在土壤力学中得到了广泛、有效的应用,方程(1-11)也就是大家所熟知的 Terzaghi 有效应力定律,这奠定了土力学的基础。随后,Terzaghi 有效应力被推广到岩石力学中,且不仅用于分析岩石的强度、变形等,而且还被用于分析岩石的渗透率、声波、孔隙度等。

　　相比于土壤,岩石的孔隙结构和矿物组分更为复杂,因此 Terzaghi 有效应力定律应用在岩石中便出现了偏差。或许如此,Robin 于 1973 年研究了各种不同物理性质的有效应力表达式。他假设岩石变形是弹性的,在分析围压和孔隙流体压力对岩石物理性质(例如渗透率、形变等)的影响之后,指出有效应力系数等于 1 时对应的有效应力才有用,非线性有效应力不满足其给出的有效应力定义且不具有实际的应用意义。

　　然而,Robin 的观点(1973)却不能用于解释 Zoback 和 Byerlee(1975)在实验过程中观察到有效应力系数大于 1 的现象。为解释这种现象,Zoback 和 Byerlee(1975)提出了双组分岩石的概念模型。难压缩的(诸如石英之类的)骨架颗粒在外环,内环是易于压缩的诸如黏土矿物之类的矿物,该模型被称为"黏土壳状模型"。孔隙流体压力作用于易于变形的内环,围压作用于难以变形的外环,因此,相对由围压引起的孔隙空间的变形,由孔隙流体压力引起的孔隙空间变形更加显著,对渗透率的影响也更大,从而使有效应力系数 κ 大于 1。Al-Wardy 和 Zimmerman(2004)在 Zoback 和 Byerlee(1975)壳状模型的基础上,提出了另外一种双组分模型:外环是难压缩的骨架颗粒,易于压缩的矿物以粒状的方式粘附于外环的内壁,该模型被称为"黏土粒状模型"。在两种概念模型的基础上,基于弹性圆柱管应力应变方程、泊肃叶方程和达西公式,分别得到了壳状模型和粒状模型有效应力系数 κ 的表达式。κ 是黏土矿物含量和硬度比(岩石剪切模量与黏土矿物剪切模量的比值)的函数,随黏土矿物含量和硬度比的增加而增加;黏土矿物含量和硬度比相等时,壳状模型的 κ 小于粒状模型的 κ;岩石含黏土矿物时,κ 会大于 1,甚至高达 8;岩石不含黏土矿物时,两种模型的 κ 相等,且为 $(2+\phi)/3$(ϕ 为孔隙度)。

随后，Ghabezloo 等（2009）提出了"孔隙壳状模型"，即外环是难压缩的骨架颗粒，中心是易于压缩的部分，两者之间是环状孔隙，根据弹性球形孔和圆柱管的应力应变方程、渗透率函数和有效应力系数的定义，建立了 κ 与外环难压缩骨架弹性模量、中心易于压缩部分弹性模量比值的线性函数。Berryman（1992）将黏土矿物产状的影响忽略，从另外一个角度提出了"双组分孔隙岩石模型"。在 Gassmann 的假设下建立了双组分岩石的有效应力系数计算表达式，并发现 κ 为常数，可出现远大于 1 的情况；将双组分岩石 κ 计算式简化为单组分时，结果是 κ 为不超过 1 的常数。Berryman 模型在使用之前需要确定岩石的孔隙流体压缩系数。当双组分模型中的两个组分性质一样时，便可得到单组分岩石的 κ 计算公式。结果发现，单组分岩石 κ 为小于 1 的常数，Al-Wardy 和 Zimmerman（2004）的 κ 模型下限值为 $(2+\phi)/3$。然而，这些模型实际都是圆形孔隙管束模型，不能表征裂缝性岩石的孔隙特征。

在（微）裂缝花岗岩和微裂缝发育的低渗砂岩中有效应力系数不是常数，而是随应力的变化而变化（李闽等，2009b，Bernabé，1986；David et al.，1989；乔丽苹等，2011），那么圆形孔隙管束模型不能解释有效应力系数不是常数这一特征。于是，Walsh（1981）根据渗透率与热传导的相似性，视岩石骨架为一个组分，假设裂缝壁面满足指数分布，由此得到了二维平面裂缝模型的有效应力系数 κ 的表达式，发现 κ 值是小于 1 的常数；同时，在管束模型的基础上简化了 κ 表达式，得到 κ 的范围是[0.4, 1.0]，下限值小于 $(2+\phi)/3$。

之后，Bernabé（1995）将裂缝等效为截面为二维椭圆的无限体，结合受力二维平面椭圆的应力应变方程和 N-S 流动方程，推导出有效应力系数是椭圆纵横比（椭圆截面短半轴长度与长半轴长度的比值）的函数。当纵横比趋近于 0 时，代表无限长裂缝，κ 达到上限值且等于 1；当纵横比为 1 时，代表圆形管束孔隙，κ 为下限值且等于 0.5。

真实岩心中可能会同时存在圆形管束孔隙和裂缝，并且裂缝随应力的增加会逐渐表现为圆形孔隙的特征。据此，李闽等（2009b）提出了均一骨架岩石的双组分孔隙（圆形管束和裂缝）概念模型，指出当有效应力较小时，岩石有显著的裂缝特征，随有效应力的增加，岩石过渡到裂缝和孔隙共同作用的阶段，若有效应力进一步增加，岩石表现为孔隙特征。郑玲丽（2009）和李闽（2009b）分别进行了理论推导和网络模拟，证明了圆形管束孔隙的 κ 下限值等于孔隙度。因此，李闽（2009）认为有效应力系数 κ 的变化范围是[ϕ, 1]，随有效应力的增加（围压不变时孔隙流体压力减小）κ 值逐渐减小。

综上述，有效应力系数的理论研究都是基于线弹性理论。如果将岩石骨架视为单一组分，那么 κ 不超过 1，变化范围是[ϕ, 1.0]；如果岩石除了骨架颗粒之外，在孔隙中还分布有易于压缩的部分（例如黏土矿物），那么 κ 将大于 1，甚至远大于 1；如果岩石表现为孔隙性特征（岩石的孔隙空间可以用圆形管束表征），那么有效应力系数是常数；如果岩石孔隙中包含有（微）裂缝，那么有效应力系数将随应力的变化而变化。岩石的组成和孔隙类型影响有效应力系数的变化。

1.2　孔隙型岩石渗透率有效应力模型

对孔隙型岩石进行分析时采用最多的是球形和圆柱形模型（图 1-3），当研究渗透率的流动性质时圆柱形模型更为合适。岩石骨架的组成比较复杂，尤其是砂岩骨架——主要为石英、长石和岩屑以及一些胶结物，其中，岩屑和胶结物中含有的矿物也是非常复杂的，这与岩石的沉积环境、后期作用等因素有关。在建立理论模型时，通常做法是将岩石所有的固体部分视为一个组分，对应单组分岩石模型；当岩石中含有易于压缩的部分（如黏土矿物）时，将黏土矿物单独划分为一个组分，即岩石中存在两个组分，对应岩石双组分模型。为此，下面将给出孔隙型单组分岩石模型和孔隙型双组分岩石模型。

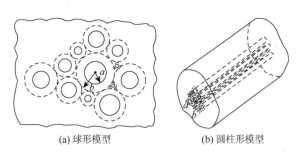

(a) 球形模型　　　　　　　　(b) 圆柱形模型

图 1-3　孔隙型岩石孔隙模型

1.2.1　孔隙型单组分岩石模型

圆柱形管模型截面如图 1-4 所示，孔隙半径为 a，岩石半径为 b。模型外部和内部所受应力分别为围压 p_c 和孔隙流体压力 p_f，且均匀作用在模型的外部和内部，轴向上没有应变。取圆形管柱的任意截面为研究对象，其仅发生径向对称形变，根据二维弹性平面应变理论（Sokolnikoff，1956），有

$$u = \left[u_r(r,\theta,\zeta), u_\theta(r,\theta,\zeta), u_\zeta(r,\theta,\zeta)\right]$$
$$\Rightarrow \left[u_r(r,0,0),0,0\right]$$

对应的两个非零应变量为

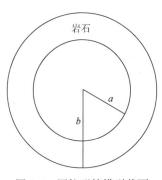

图 1-4　圆柱形管模型截面

$$\varepsilon_{rr} = \frac{\mathrm{d}u}{\mathrm{d}r}, \varepsilon_{\theta\theta} = \frac{u}{r} \tag{1-12}$$

方程（1-12）已满足三个应力平衡方程中的两个方程（Sokolnikoff，1956），因此第三个方程表示为

$$\frac{\mathrm{d}\tau_{rr}}{\mathrm{d}r} + \frac{\tau_{rr} - \tau_{\theta\theta}}{r} = 0 \tag{1-13}$$

各向同性介质的应力应变方程表示为

$$\tau_{rr} = \lambda(\varepsilon_{rr} + \varepsilon_{\theta\theta}) + 2\mu\varepsilon_{rr}$$
$$\tau_{\theta\theta} = \lambda(\varepsilon_{rr} + \varepsilon_{\theta\theta}) + 2\mu\varepsilon_{\theta\theta} \tag{1-14}$$

方程中用来表征物体弹性的两个常数，称为拉梅常数。结合方程（1-12）和方程（1-14），有

$$\tau_{rr} = (\lambda + 2\mu)\frac{\mathrm{d}u}{\mathrm{d}r} + \lambda\frac{u}{r}$$
$$\tau_{\theta\theta} = \lambda\frac{\mathrm{d}u}{\mathrm{d}r} + (\lambda + 2\mu)\frac{u}{r} \tag{1-15}$$

将方程（1-15）代入方程（1-13），有

$$\frac{\mathrm{d}}{\mathrm{d}r}\left[(\lambda + 2\mu)\frac{\mathrm{d}u}{\mathrm{d}r} + \lambda\frac{u}{r}\right] + 2u\left[\frac{1}{r}\frac{\mathrm{d}u}{\mathrm{d}r} - \frac{u}{r^2}\right] = 0 \tag{1-16}$$

当 λ 和 μ 都是常数时，方程（1-16）改写为

$$(\lambda + 2\mu)\left[\frac{\mathrm{d}^2 u}{\mathrm{d}r^2} + \frac{1}{r}\frac{\mathrm{d}u}{\mathrm{d}r} - \frac{u}{r^2}\right] = 0 \tag{1-17}$$

方程（1-17）是描述圆柱形管应力应变的二阶偏微分方程，根据 Jaeger 和 Cook（2007）的研究，可以得到其通解为

$$u(r) = Ar + \frac{B}{r} \tag{1-18}$$

结合边界条件：内边界 $r=a$ 处，$p=-p_f$；外边界 $r=b$ 处，$p=-p_c$，得到通解中的系数 A 和 B，其表达式为

$$A = \frac{p_c b^2 - p_f a^2}{2(\lambda + \mu)(a^2 - b^2)} \tag{1-19}$$

$$B = \frac{a^2 b^2 (p_c - p_f)}{2\mu(a^2 - b^2)} \tag{1-20}$$

将 A 和 B 的表达式带入方程（1-18）中，得到圆形管的应力应变方程如下：

$$u(r) = \frac{(p_c b^2 - p_f a^2)r}{2(\lambda + \mu)(a^2 - b^2)} + \frac{a^2 b^2 (p_c - p_f)}{2r\mu(a^2 - b^2)} \tag{1-21}$$

根据 Hagen-Poiseuille 方程，通过圆柱形管的流量表达式为（White，1991）：

$$Q = \frac{\pi a^4}{8\eta} \frac{\mathrm{d}p}{\mathrm{d}z} \tag{1-22}$$

式中，η——流体的黏度；

$\mathrm{d}p/\mathrm{d}z$——轴向上的压力梯度。

结合达西定律，单管岩石的渗透率为

$$k = \frac{\pi a^4}{8A} \tag{1-23}$$

式中，A——垂直于渗流方向的过流端面的面积。

由此可见，渗透率正比于孔隙半径的四次方（a^4），渗透率的变化取决于孔隙半径的变化，且半径 a 的较小变化会引起渗透率的显著变化。整个模型的推导是基于线弹性理论，因此有效应力将表现出线性特征，此时可根据方程（1-7）计算有效应力系数，则由链式法则得

$$\kappa = -\frac{\left(\dfrac{\partial k}{\partial p_f}\right)_{P_c}}{\left(\dfrac{\partial k}{\partial P_c}\right)_{p_f}} = -\frac{\left(\dfrac{\mathrm{d}k}{\mathrm{d}a}\right)\left(\dfrac{\partial a}{\partial p_f}\right)_{P_c}}{\left(\dfrac{\mathrm{d}k}{\mathrm{d}a}\right)\left(\dfrac{\partial a}{\partial P_c}\right)_{p_f}} = -\frac{\left(\dfrac{\partial a}{\partial p_f}\right)_{P_c}}{\left(\dfrac{\partial a}{\partial P_c}\right)_{p_f}} \tag{1-24}$$

根据方程（1-21），可以得到圆形管内半径 a 随孔隙流体压力 p_f 和围压 p_c 的变化关系，具体如下：

$$\left(\frac{\partial u(a)}{\partial p_f}\right)_{P_c} = \frac{a^3}{2(\lambda + \mu)(b^2 - a^2)} + \frac{ab^2}{2\mu(b^2 - a^2)} \tag{1-25}$$

将方程（1-25）代入方程（1-24），得到渗透率有效应力系数的表达式为

$$\kappa = \frac{\lambda + \mu(1 + \phi)}{\lambda + 2\mu} = \frac{1 + (1 - 2\nu)\phi}{2(1 - \nu)} \tag{1-26}$$

方程（1-26）中孔隙度 $\phi = (a/b)^2$。当泊松比 ν 取 0.25 时，方程（1-26）进一步简化为

$$\kappa = \frac{2 + \phi}{3} \tag{1-27}$$

可见，圆形管束模型的有效应力系数是常数，有效应力表现为线性特征，且有效应力系数的变化范围是[2/3, 1]。

1.2.2　孔隙型双组分岩石模型

黏土矿物会显著影响岩石的物理性质，包含渗透率、声波、电阻率等（Zoback

et al.，1975；Sams et al.，2001；Durand et al.，2001），因此有必要将黏土矿物单独划分出来作为一个组分（岩石剩下的固体部分作为一个组分）进行分析。黏土矿物通常以斑点式、薄膜式和桥式存在于岩石喉道中（图1-5），那么圆柱形管与黏土矿物的结合特征可以简化为图 1-6 所示的模型，即两个双组分模型——黏土粒状模型和黏土壳状模型。

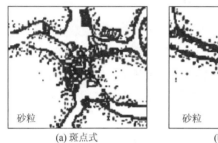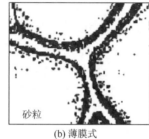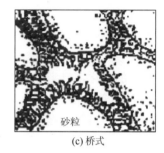

(a) 斑点式   (b) 薄膜式   (c) 桥式

图 1-5　岩石中黏土矿物的产状（何更生等，2011）

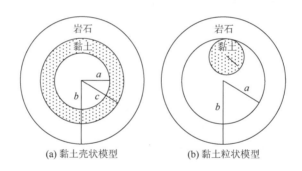

(a) 黏土壳状模型   (b) 黏土粒状模型

图 1-6　简化的黏土壳状模型示意图

1. 黏土壳状模型

黏土壳状模型对应的是黏土矿物薄膜式产状特征，该模型是 Zoback 和 Byerlee 于 1975 年提出的，用于解释所观察到的孔隙流体压力相对围压对渗透率影响更为显著的现象。黏土壳状模型如图 1-6（a）所示，固体骨架部分由同心的岩石外环和黏土内环组成，黏土矿物相对于岩石更容易压缩，其中岩石外环半径是 b，黏土矿物内环半径是 a，黏土矿物外环半径与岩石内环半径均为 c，对应边界条件如下：

①黏土矿物区域：$a<r<c$，$\sigma_r(r=a)=-p_f$，拉梅常数记为（λ_c，μ_c）；

②岩石区域：$c<r<b$，$\sigma_r(r=b)=-p_c$，拉梅常数记为（λ_r，μ_r）；

③黏土矿物与岩石相交处应力相等：$\sigma_{r,\,\text{clay}}(r=c)=\sigma_{r,\,\text{rock}}(r=c)$；

④黏土矿物与岩石相交处位移相等：$u_{r,\,\text{clay}}(r=c)=u_{r,\,\text{rock}}(r=c)$。

将边界条件代入方程（1-15）～方程（1-18），可以得

$$\left(\lambda_c+2\mu_c\right)\left(A_1-\frac{B_1}{a^2}\right)+\lambda_c\left(A_1+\frac{B_1}{a^2}\right)=-p_f \tag{1-28}$$

$$\left(\lambda_r+2\mu_r\right)\left(A_2-\frac{B_2}{b^2}\right)+\lambda_r\left(A_2+\frac{B_2}{b^2}\right)=-p_c \tag{1-29}$$

$$\left(\lambda_c+2\mu_c\right)\left(A_1-\frac{B_1}{c^2}\right)+\lambda_c\left(A_1+\frac{B_1}{c^2}\right)=\left(\lambda_r+2\mu_r\right)\left(A_2-\frac{B_2}{c^2}\right)+\lambda_r\left(A_2+\frac{B_2}{c^2}\right) \tag{1-30}$$

$$A_1c+\frac{B_1}{c}=A_2c+\frac{B_2}{c} \tag{1-31}$$

结合上述四个方程，求得 A_1、A_2、B_1、B_2 的表达式分别如下。

$$A_1=\frac{\left(p_f-p_c\right)c^2}{2\left(c^2-a^2\right)\left(\lambda_c+\mu_c\right)}-\frac{p_f}{2\left(\lambda_c+\mu_c\right)}-\frac{\mu_2\left(b^2-c^2\right)}{b^2\left(c^2-a^2\right)\left(\lambda_c+\mu_c\right)}$$

$$\left[\frac{\dfrac{\left(p_f-p_c\right)c^2}{2\left(c^2-a^2\right)\left(\lambda_c+\mu_c\right)}+\dfrac{\left(p_f-p_c\right)a^2}{2\mu_c\left(c^2-a^2\right)}-\dfrac{p_f}{2\left(\lambda_c+\mu_c\right)}+\dfrac{p_c}{2\left(\lambda_r+\mu_r\right)}}{\dfrac{\mu_2\left(b^2-c^2\right)}{b^2\left(c^2-a^2\right)}\left[\dfrac{1}{\left(\lambda_c+\mu_c\right)}+\dfrac{a^2}{\mu_c c^2}\right]+\dfrac{\mu_2}{b^2\left(\lambda_r+\mu_r\right)}+\dfrac{1}{c^2}}\right] \tag{1-32}$$

$$A_2=\frac{-p_c}{2\left(\lambda_r+\mu_r\right)}+\frac{\mu_r}{b^2\left(\lambda_r+\mu_r\right)}$$

$$\left[\frac{\dfrac{\left(p_f-p_c\right)c^2}{2\left(c^2-a^2\right)\left(\lambda_c+\mu_c\right)}+\dfrac{\left(p_f-p_c\right)a^2}{2\mu_c\left(c^2-a^2\right)}-\dfrac{p_f}{2\left(\lambda_c+\mu_c\right)}+\dfrac{p_c}{2\left(\lambda_r+\mu_r\right)}}{\dfrac{\mu_r\left(b^2-c^2\right)}{b^2\left(c^2-a^2\right)}\left[\dfrac{1}{\left(\lambda_c+\mu_c\right)}+\dfrac{a^2}{\mu_c c^2}\right]+\dfrac{\mu_r}{b^2\left(\lambda_r+\mu_2\right)}+\dfrac{1}{c^2}}\right] \tag{1-33}$$

$$B_1=\frac{\left(p_f-p_c\right)a^2c^2}{2\mu_c\left(c^2-a^2\right)}-\frac{\mu_2\left(b^2-c^2\right)a^2}{\mu_c\left(c^2-a^2\right)b^2}$$

$$\left[\frac{\dfrac{\left(p_f-p_c\right)c^2}{2\left(c^2-a^2\right)\left(\lambda_c+\mu_c\right)}+\dfrac{\left(p_f-p_c\right)a^2}{2\mu_c\left(c^2-a^2\right)}-\dfrac{p_f}{2\left(\lambda_c+\mu_c\right)}+\dfrac{p_c}{2\left(\lambda_r+\mu_r\right)}}{\dfrac{\mu_r\left(b^2-c^2\right)}{b^2\left(c^2-a^2\right)}\left[\dfrac{1}{\left(\lambda_c+\mu_c\right)}+\dfrac{a^2}{\mu_c c^2}\right]+\dfrac{\mu_r}{b^2\left(\lambda_r+\mu_r\right)}+\dfrac{1}{c^2}}\right] \tag{1-34}$$

$$B_2 = \cfrac{\cfrac{(p_f - p_c)c^2}{2(c^2 - a^2)(\lambda_c + \mu_c)} + \cfrac{(p_f - p_c)a^2}{2\mu_c(c^2 - a^2)} - \cfrac{p_f}{2(\lambda_c + \mu_c)} + \cfrac{p_c}{2(\lambda_r + \mu_r)}}{\cfrac{\mu_r(b^2 - c^2)}{b^2(c^2 - a^2)}\left[\cfrac{1}{(\lambda_c + \mu_c)} + \cfrac{a^2}{\mu_c c^2}\right] + \cfrac{\mu_r}{b^2(\lambda_r + \mu_r)} + \cfrac{1}{c^2}} \quad (1\text{-}35)$$

当得到 A_1 和 B_1 的表达式后，结合孔隙度的表达式 $\phi = (a/b)^2$，且取黏土矿物和岩石骨架的泊松比为 0.25，进一步整理得到 A_{1p}、A_{1c}、B_{1p}、B_{1c} 的表达式如下：

$$A_{1p} = \cfrac{1}{4\mu_c(c^2 - \phi)}\left[\phi - \cfrac{3\gamma\phi(1-c^2)}{\gamma(1-c^2)\left(1 + \cfrac{2\phi}{c^2}\right) + \left(1 + \cfrac{2}{c^2}\right)(c^2 - \phi)}\right] \quad (1\text{-}36)$$

$$A_{1c} = \cfrac{1}{4\mu_c(c^2 - \phi)}\left[-c^2 + \cfrac{\gamma(1-c^2)\left(c^2 + 2\phi - \cfrac{c^2 - \phi}{\gamma}\right)}{\gamma(1-c^2)\left(1 + \cfrac{2\phi}{c^2}\right) + \left(1 + \cfrac{2}{c^2}\right)(c^2 - \phi)}\right] \quad (1\text{-}37)$$

$$B_{1p} = \cfrac{\phi}{4\mu_c(c^2 - \phi)}\left[2c^2 - \cfrac{3\gamma\phi(1-c^2)}{\gamma(1-c^2)\left(\cfrac{1}{2} + \cfrac{\phi}{c^2}\right) + \left(\cfrac{1}{2} + \cfrac{1}{c^2}\right)(c^2 - \phi)}\right] \quad (1\text{-}38)$$

$$B_{1c} = \cfrac{\phi}{4\mu_c(c^2 - \phi)}\left[-2c^2 + \cfrac{\gamma(1-c^2)\left(c^2 + 2\phi - \cfrac{c^2 - \phi}{\gamma}\right)}{\gamma(1-c^2)\left(\cfrac{1}{2} + \cfrac{\phi}{c^2}\right) + \left(\cfrac{1}{2} + \cfrac{1}{c^2}\right)(c^2 - \phi)}\right] \quad (1\text{-}39)$$

方程（1-36）～方程（1-39）中 A_{1p}、B_{1p} 分别是 A_1、B_1 表达式中 p_f 前的系数，A_{1c}、B_{1c} 分别是 A_1、B_1 表达式中 P_c 前的系数；硬度比 $\gamma = \mu_{\text{rock}}/\mu_{\text{clay}}$；黏土矿物含量 F_c 是黏土矿物体积与总固体体积（黏土+岩石）之比，$F_c = (b^2 - c^2)/(b^2 - a^2)$。

基于方程（1-24），黏土壳状模型有效应力系数计算式为

$$\kappa = \cfrac{A_{1p}a^2 + B_{1p}}{A_{1c}a^2 + B_{1c}} \quad (1\text{-}40)$$

假设岩石的孔隙度为 15%，根据方程（1-40）可以绘制得到不同硬度比下有效应力系数随黏土矿物含量变化的关系曲线（图 1-7），由此发现有效应力系数在黏土矿物含量为零时为 0.733，并随黏土矿物含量的增加而增大，硬度比越大，有效应力系数增大的幅度越大。

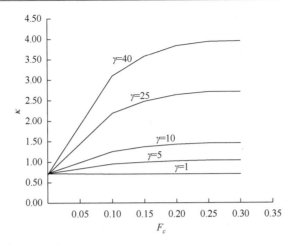

图 1-7　不同硬度比下有效应力系数随黏土矿物含量变化的关系曲线（壳状模型）

2. 黏土粒状模型

除了薄膜式黏土矿物之外，充填式黏土矿物也是常见的。例如，高岭石在岩石孔隙中的分布情况，此条件下的简化模型即为黏土粒状模型，黏土颗粒以粒状存在于孔隙中且与孔隙内壁相切（图 1-6（b））。此时围压对含黏土岩石孔隙结构的影响与不含黏土岩石孔隙结构的影响一样，而且围压也不会影响黏土矿物颗粒的几何形状。孔隙流体压力将会使 $r=a$ 处的孔隙壁径向膨胀，这与不含黏土矿物时的情况一样。既然如此，孔隙流体压力将均匀地作用在黏土矿物颗粒的外边界，这将引起黏土矿物的膨胀或者压缩。为了避免所建模型中参数过多，假设黏土矿物是各向同性的，那么无论黏土矿物颗粒的具体形状如何，在受均匀力作用时黏土矿物的变形也将是均匀的。

渗透率的大小由没有被黏土矿物占据的那部分孔隙几何空间所决定。为了使得黏土粒状模型变成一个易于求解的二维流动的问题，进一步假定黏土矿物是半径为 c 的圆柱体，且接触于孔隙壁（图 1-8）。因此，孔隙流体流动的区域就是半径分别为 a 和 c 的偏心圆柱之间的部分。

当两个偏心圆柱的圆心距离为 l 时，该模型对应的体积流量 Q 的表达式（White，1991）如下：

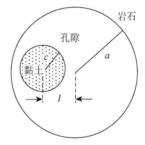

图 1-8　含偏心圆柱的示意图

$$Q = \frac{\pi}{8\eta}\left(\frac{\mathrm{d}p}{\mathrm{d}z}\right)\left[a^4 - c^4 - \frac{4l^2 M^2}{\beta - \alpha} - 8l^2 M^2 \sum_{n=1}^{\infty} \frac{n\mathrm{e}^{-n(\beta+\alpha)}}{\sinh(n\beta - n\alpha)}\right] \tag{1-41}$$

其中，

$$M = \left(F^2 - a^4\right)^{1/2}$$

$$F = \frac{a^2 - c^2 + l^2}{2l}$$

$$\alpha = \frac{1}{2}\ln\left(\frac{F+M}{F-M}\right)$$

$$\beta = \frac{1}{2}\ln\left(\frac{F-l+M}{F-l-M}\right)$$

体积流量 Q 的表达式很复杂，尤其是当黏土矿物圆柱正切于孔隙壁（即 $l=a-c$）时，无穷积分收敛非常缓慢。再者，该表达式不能通过求偏导进而得到有效应力系数。既然如此，当 $l=a-c$ 时，可用方程（1-42）中的三次多项式代替方程（1-41）。将两个方程绘制成图形可以直观地发现这个特点（图 1-9）。

$$Q = \frac{\pi a^4}{8\eta}\left(\frac{\mathrm{d}p}{\mathrm{d}z}\right)\left[1.0 - 0.57752(c/a) - 2.6126(c/a)^2 + 2.1928(c/a)^3\right] \quad （1-42）$$

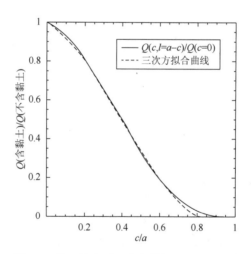

图 1-9　偏心管中无因次流量与 c/a 间的关系

根据图 1-9 发现，方程（1-42）与理论模型匹配较好的范围是 $0.1 < c/a < 0.7$；黏土矿物在岩石孔隙中的含量一般为 0~50%，因此采用方程（1-42）代替方程（1-41）是可行的，对应模型的渗透率表达式为

$$k = Ga^4\left[1.0 - 0.57752(c/a) - 2.6126(c/a)^2 + 2.1928(c/a)^3\right] \quad （1-43）$$

其中，G——常数项，包含迂曲度等参数。

基于链式法则，可以分别得到渗透率对孔隙流体压力和围压的偏微分表达式，具体如下：

$$\frac{\partial k}{\partial p_f} = \frac{\partial k}{\partial a}\frac{\partial a}{\partial p_f} + \frac{\partial k}{\partial c}\frac{\partial c}{\partial p_f} \tag{1-44}$$

$$\frac{\partial k}{\partial p_c} = \frac{\partial k}{\partial a}\frac{\partial a}{\partial p_c} \tag{1-45}$$

孔隙流体压力作用在黏土矿物和岩石骨架上，通过影响黏土矿物和岩石进而引起孔隙空间和渗透率的变化；而围压没有作用在黏土矿物上，于是对黏土矿物没有影响，仅通过影响岩石的变形进而引起孔隙空间和渗透率的变化。

结合方程（1-43）可以得到 $\partial k / \partial a$ 与 $\partial k / \partial c$；方程（1-21）是关于径向位移的表达式，在内径 a 处，方程（1-21）分别对围压和孔隙流体压力进行求导可得到方程（1-24）和方程（1-25）。根据方程（1-24）和方程（1-25）可以得到空心圆柱的 $\partial a / \partial p_f$、$\partial a / \partial p_c$，其中 $\partial c / \partial p_f$ 反映的是孔隙流体压力的变化对黏土矿物颗粒半径的影响，等于 $-c/2\,(\lambda_c + \mu_c)$，其中，$\lambda_c + \mu_c$ 是平面应变的平面体积模量。将这些参数代入有效应力系数的表达式中，得到黏土粒状模型的有效应力系数计算式为

$$\kappa = \frac{2 + \phi + (1-\phi)F_c}{3} + 0.0481\gamma(1-\phi)(1-F_c)g(c/a) \tag{1-46}$$

其中，

$$g(c/a) = \frac{(c/a) + 9.048(c/a)^2 - 11.39(c/a)^3}{1 - 0.4331(c/a) - 1.306(c/a)^2 + 0.5482(c/a)^3} \tag{1-47}$$

式中，F_c——黏土体积含量；

γ——硬度比；

c/a——孔隙度和黏土体积含量的关系，具体为 $c/a = \sqrt{(1-\phi)F_c / [F_c + \phi(1-F_c)]}$。

方程（1-46）右边第一项是修正的单组分岩石的有效应力系数值，对应的"有效"孔隙度同时反映了孔隙空间和黏土矿物的体积；第二项表示黏土矿物颗粒的压缩以及其压缩对渗透率的影响。但需注意，方程（1-46）成立的条件是 $0.1 < c/a < 0.7$，也就是说，方程（1-46）的适用条件是黏土矿物含量不超过 50%。

假设岩石的孔隙度为 15%，根据方程（1-47）可绘制得到不同硬度比下有效应力系数随黏土矿物含量变化的关系曲线（图 1-10），由此发现黏土矿物含量为零时，有效应力系数为 0.733；随黏土矿物含量的增加，有效应力系数增大，随着硬度比的增大，有效应力系数随黏土矿物含量的增加幅度也增大。这与壳状模型计算的结果趋势类似，只是黏土粒状模型计算的相同硬度比和相同黏土矿物含量下的有效应力系数更大。

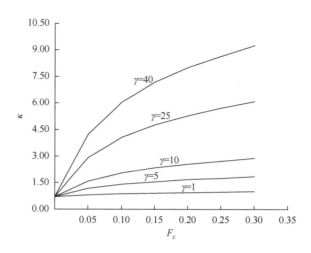

图 1-10　不同硬度比下有效应力系数随黏土矿物含量变化的关系曲线（粒状模型）

黏土壳状模型和黏土粒状模型为解释砂岩有效应力系数大于 1 的结果提供了依据。对于与砂岩不一样的鲕粒灰岩和页岩等岩石，有研究者基于其孔隙结构和矿物组成等特征推导了有效应力系数的数学模型或者提出了对应的概念模型（见附录 A），并解释了在这些岩石中观察到的有效应力系数的特征。此外，Berryman 建立了更具有"普适性"的双组分岩石模型（见附录 A）——不考虑孔隙的形状、孔隙充填物（如黏土矿物）的产状，只是该模型中涉及的相关计算参数更多，导致准确计算的难度更大。

1.3　裂缝型岩石渗透率有效应力模型

储层岩石的裂缝中也会含有黏土矿物，黏土矿物与裂缝的组合将共同影响岩石物理性质的变化，也会影响有效应力的变化特征。裂缝通常用椭圆形管柱表示，其截面如图 1-11 所示；孔隙中含有的黏土矿物不管是薄膜式、充填式，还是斑点式，这里假设其均匀依附于孔隙内壁（图 1-12）。因此，含黏土矿物的裂缝岩石可以简化为两种模型——椭圆裂缝黏土岩石模型（图 1-13）和钉状裂缝黏土岩石模型（图 1-14）。如图 1-13 所示，椭圆形截面短半轴和长半轴的比值越小，岩石的裂缝特征就越明显，那么此模型就可表征含黏土矿物的裂缝岩石。图 1-14 所示模型是将图 1-12 中含黏土矿物的喉道截面划分为 n 等份，这与不含黏土矿物的 Gangi 钉状裂缝模型（Gangi，1978；1981）相似，也可用于表征含黏土矿物的裂缝岩石。

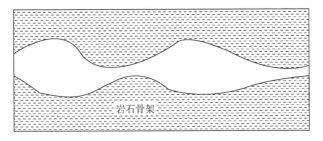

图 1-11　裂缝岩石模型（Bernabé，1986；Gangi，1981）

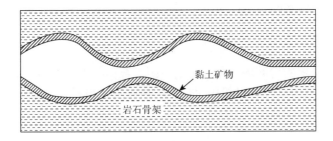

图 1-12　含黏土矿物裂缝岩石的简化图

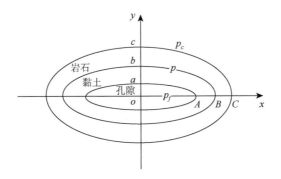

图 1-13　黏土矿物椭圆裂缝岩石模型

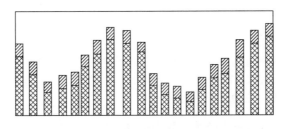

图 1-14　黏土矿物钉状裂缝岩石模型

1.3.1 椭圆裂缝黏土岩石模型

椭圆裂缝黏土岩石模型如图 1-13 所示。骨架包含了外环的岩石骨架和内环的黏土矿物,岩石和黏土矿物都是均匀、各向同性的弹性体。岩石环和黏土矿物环是共聚焦的椭圆环。岩石环的外边界受均匀压力 p_c 作用,黏土矿物环的内边界受均匀压力 p_f 作用,岩石环和黏土矿物环之间接触边界受均匀压力 p 作用。外椭圆的长半轴和短半轴分别是 C 和 c,内椭圆的长半轴和短半轴分别是 A 和 a,岩石与黏土矿物接触椭圆的长半轴和短半轴分别是 B 和 b。

1. 椭圆裂缝黏土岩石的等效模型

将图 1-13 所示的岩石环和黏土矿物环的集合体视为岩石环与黏土矿物环的叠加(图 1-15),可用来分析岩石环与黏土矿物环及其相互之间的应力应变。

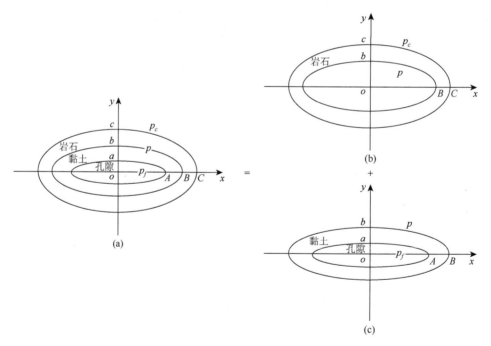

图 1-15　岩石黏土椭圆模型等效为岩石环和黏土矿物环的组合

2. 黏土矿物环的应力函数和位移

(1)黏土矿物环的应力函数。黏土矿物环的外边界和内边界分别受均匀压力 p 和 p_f 作用,根据叠加原理,将岩石环的上述应力状态等效为两个应力状态(图 1-16)

（b）中外边界受均匀压力 $p{-}p_f$ 作用，内边界受压力为零；图 1-16（c）中外边界和内边界同时受均匀压力 p_f 作用。

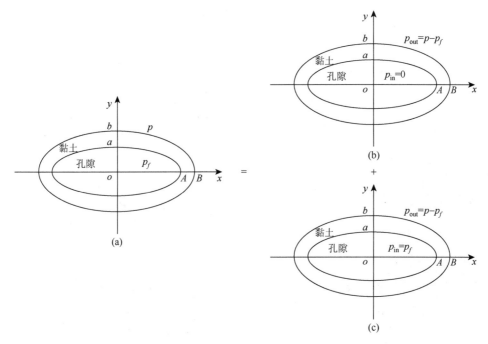

图 1-16　黏土环应力应变状态的叠加

　　在图 1-16（b）中的应力状态下，（$x{=}A, y{=}0$）、（$x{=}0, y{=}a$）和（$x{=}B, y{=}0$）、（$x{=}0, y{=}b$）处的法向位移分别为 u_{A1}、u_{a1} 和 u_{B1}、u_{b1}；在图 1-16（c）中的应力状态下，（$x{=}A, y{=}0$）、（$x{=}0, y{=}a$）和（$x{=}B, y{=}0$）、（$x{=}0, y{=}b$）处的法向位移分别为 u_{A2}、u_{a2} 和 u_{B2}、u_{b2}；根据叠加原理，黏土矿物环内壁（$x{=}A, y{=}0$）、（$x{=}0, y{=}a$）和（$x{=}B, y{=}0$）处的法向位移分别是 $u_A{=}u_{A1}{+}u_{A2}$、$u_a{=}u_{a1}{+}u_{a2}$ 和 $u_B{=}u_{B1}{+}u_{B2}$、$u_b{=}u_{b1}{+}u_{b2}$。

　　假设图 1-16（a）中的外椭圆和内椭圆共聚焦，那么两个椭圆的长半轴和短半轴满足以下方程（Batisa，1999）：

$$B^2 - b^2 = A^2 - a^2 \tag{1-48}$$

　　假设岩石环存在于 z 平面，且区域为 S。根据保角变换可使其转换为 ζ 平面上区域为 $\Sigma {=}\{\zeta \mid \alpha_1 {\leqslant} \mid \zeta \mid {\leqslant} 1.0\}$ 的圆环。根据 Muskhelish（1953）的研究可知，对应的映射函数为

$$\omega(\zeta) = R_1 \left(\zeta + \lambda_1 / \zeta \right) \tag{1-49}$$

其中，映射参数分别是 $R_1{=}$（$B{+}b$）$/2$，$\lambda_1{=}$（$B{+}b$）$/$（$B{-}b$），$\alpha_1{=}$（$A{+}a$）$/$（$B{+}b$）。

弹性椭圆环的外部和内部都受均匀压力，因此弹性体在区域 $\varSigma$ 上的应力状态取决于 $\varphi(\zeta)$ 和 $\psi(\zeta)$ 这两个函数。这两个函数满足以下边界条件（Muskhelish，1953）：

$$\varphi(\zeta) + \frac{\omega(\zeta)}{\overline{\omega'(\zeta)}}\overline{\varphi'(\zeta)} + \overline{\psi(\zeta)} = \begin{cases} -p_{\text{out}}\omega(\zeta), & \zeta = e^{i\theta} \\ -p_{\text{in}}\omega(\zeta) + C, & \zeta = \alpha_1 e^{i\theta} \end{cases} \quad (1\text{-}50)$$

其中，C——未知常数。

进一步整理外边界条件和内边界条件，分别可表示为

$$\psi(\zeta) = -\overline{\varphi}(\frac{1}{\zeta}) - \overline{\omega}(\frac{1}{\zeta})\frac{\varphi'(\zeta)}{\omega'(\zeta)} - p_{\text{out}}\overline{\omega}(\frac{1}{\zeta}) \quad (1\text{-}51)$$

$$\psi(\zeta) = -\overline{\varphi}(\frac{\alpha_1^2}{\zeta}) - \overline{\omega}(\frac{\alpha_1^2}{\zeta})\frac{\varphi'(\zeta)}{\omega'(\zeta)} - p_{\text{in}}\overline{\omega}(\frac{\alpha_1^2}{\zeta}) + C \quad (1\text{-}52)$$

联立方程（1-51）和方程（1-52），可得

$$\overline{\varphi}\left(\frac{1}{\zeta}\right) - \overline{\varphi}\left(\frac{\alpha_1^2}{\zeta}\right) + \left[\overline{\omega}\left(\frac{1}{\zeta}\right) - \overline{\omega}\left(\frac{\alpha_1^2}{\zeta}\right)\right]\frac{\varphi'(\zeta)}{\omega'(\zeta)} = p_{\text{in}}\overline{\omega}\left(\frac{\alpha_1^2}{\zeta}\right) - p_{\text{out}}\overline{\omega}\left(\frac{1}{\zeta}\right) + C \quad (1\text{-}53)$$

根据保角变换与坐标曲线之间的关系（徐芝纶，2006；stauffer，2003），位移公式可表示为

$$\frac{E_1}{1+\mu_1}(u_\rho + u_\theta) = \frac{\overline{\zeta}}{\rho}\frac{\overline{\omega'(\zeta)}}{|\omega'(\zeta)|}\left[\frac{3-\mu_1}{1+\mu_1}\varphi(\zeta) - \frac{\omega(\zeta)}{\overline{\omega'(\zeta)}}\overline{\varphi'(\zeta)} - \overline{\psi(\zeta)}\right] \quad (1\text{-}54)$$

只要得到 $\varphi(\zeta)$ 和 $\psi(\zeta)$ 的表达式，便可计算位移量。对于图 1-15（c）所示的应力状态（$p_{\text{out}}=p_{\text{in}}=p_f$），根据方程（1-5）可以得

$$\varphi(\zeta) = -\frac{p_f}{2}\omega(\zeta) \quad (1\text{-}55)$$

$$\psi(\zeta) = 0 \quad (1\text{-}56)$$

对于图 1-16（b）所示的应力状态（$p_{\text{out}}=p-p_f$，$p_{\text{in}}=0$），将方程（1-49）带入方程（1-53），整理得

$$\overline{\varphi}\left(\frac{1}{\xi}\right) - \overline{\varphi}\left(\frac{\alpha_1^2}{\zeta}\right) + (1-\alpha_1^2)\left(1 - \frac{\lambda\zeta^2}{\alpha_1^2}\right)\frac{\varphi'(\zeta)}{\zeta(1-\lambda/\zeta^2)} = -(p-p_f)R_1\left(\frac{1}{\zeta} + \lambda\zeta\right) \quad (1\text{-}57)$$

Batista（1999）将 $\varphi(\zeta)$ 拓展为罗朗级数，其级数表达式为

$$\varphi(\zeta) = \sum_{n=-\infty}^{\infty} a_n\zeta^{2n+1} = \sum_{n=-\infty}^{-1} a_n\zeta^{2n+1} + \sum_{n=0}^{\infty} a_n\zeta^{2n+1} = \sum_{n=1}^{\infty}\frac{b_n}{\zeta^{2n-1}} + \sum_{n=0}^{\infty} a_n\zeta^{2n+1} \quad (1\text{-}58)$$

同时，Batista（1999）鉴于弹性体的几何对称性和受力对称性，发现系数 a_n 为实数。于是有

$$a_0 + \frac{\lambda_1}{\alpha_1^2}b_1 = -\frac{(p-p_f)R_1}{2}\frac{1-\lambda_1^2}{1-\alpha_1^2} \quad (1\text{-}59)$$

$$\boldsymbol{A}_n\boldsymbol{X}_n = \boldsymbol{B}_n\boldsymbol{X}_{n-1}, n=1,2,3,\cdots \quad (1\text{-}60)$$

其中，

$$X_0 = -(p - p_f)R_1\lambda\begin{bmatrix} \alpha_1^6 \\ -1 \end{bmatrix} + \left(1 - \alpha_1^2\right)\left(b_1 + \lambda_1 a_0\right)\begin{bmatrix} \alpha_1^2 \\ 1 \end{bmatrix}$$

$$X_n = \begin{bmatrix} b_{n+1} \\ a_n \end{bmatrix}, n = 1, 2, 3, \cdots$$

$$A_n = \begin{bmatrix} \lambda_1\left(1 - \alpha_1^{2(2n+1)}\right) & \left(1 - \alpha_1^2\right)(2n+1)\alpha_1^{2(2n+1)} \\ \dfrac{\lambda_1}{\alpha_1^2}\left(1 - \alpha_1^2\right)(2n+1) & 1 - \alpha_1^{2(2n+1)} \end{bmatrix}, n = 1, 2, 3, \cdots \quad (1\text{-}61)$$

$$B_1 = I$$

$$B_n = \begin{bmatrix} \alpha_1^4\left(1 - \alpha_1^{2(2n+1)}\right) & \lambda_1\alpha_1^{4n}\left(1 - \alpha_1^2\right)(2n-1) \\ \left(1 - \alpha_1^2\right)(2n+1) & \lambda_1\left(1 - \alpha_1^{2(2n-1)}\right) \end{bmatrix}, n = 2, 3, 4, \cdots$$

根据递推关系可以得

$$\begin{aligned} X_n &= C_n C_{n-1} C_{n-2} \cdots C_2 C_1 X_0 = D_n X_0 \\ &= -(p - p_f)R_1\lambda_1 D_n\begin{bmatrix} \alpha_1^6 \\ -1 \end{bmatrix} + \left(1 - \alpha_1^2\right)\left(b_1 + \lambda a_0\right)D_n\begin{bmatrix} \alpha_1^2 \\ 1 \end{bmatrix}, n = 1, 2, 3, \cdots \end{aligned} \quad (1\text{-}62)$$

其中，

$$C_n = A_n^{-1} B_n, n = 1, 2, 3, \cdots$$

$$D_n = \begin{bmatrix} D_{11}^n & D_{12}^n \\ D_{21}^n & D_{22}^n \end{bmatrix}$$

因为罗朗级数展开式必须满足收敛条件，所以当 $n \to \infty$，a_n 和 b_n 都趋于 0。则方程（1-62）两边同时取极限，得到如下表达式：

$$b_1 + \lambda_1 a_0 = (p - p_f)R_1\frac{\lambda_1 \Gamma_1}{1 - \alpha_1^2} \quad (1\text{-}63)$$

其中，

$$\Gamma_1 = \frac{\alpha_1^6 - L_1}{\alpha_1^4 + L_1}$$

$$L_1 = \lim_{n \to \infty}\left(\frac{D_{12}^{(n)}}{D_{11}^{(n)}}\right) = \lim_{n \to \infty}\left(\frac{D_{22}^{(n)}}{D_{21}^{(n)}}\right) \quad (1\text{-}64)$$

联立方程（1-59）和（1-63），可以得到 a_0 和 b_1 的表达式：

$$a_0 = -\frac{(p - p_f)R_1}{2\left(1 - \alpha_1^2\right)}\frac{1 - \lambda_1^2 + 2\left(\lambda_1 / \alpha_1\right)^2 \Gamma_1}{1 - \left(\lambda_1 / \alpha_1\right)^2} \quad (1\text{-}65)$$

$$b_1 = \frac{\lambda_1(p - p_f)R_1}{2\left(1 - \alpha_1^2\right)}\frac{1 - \lambda_1^2 + 2\Gamma_1}{1 - \left(\lambda_1 / \alpha_1\right)^2} \quad (1\text{-}66)$$

常数 L 的计算不需要未知系数 a_n 和 b_n。实际计算过程中，因为 $\boldsymbol{D}_n$ 结构复杂，所以计算 L 采用数值方法。假设当 $n=N$ 时，L 满足计算的精度（L 值的相对变化率小于 10^{-5}），此时方程未知系数 a_n 和 b_{n+1} 可表示为

$$a_n = -(p - p_f)R_1\lambda_1(1 + \Gamma_1)\boldsymbol{D}_{21}^{(n)}\left(L_1 - \frac{\boldsymbol{D}_{22}^{(n)}}{\boldsymbol{D}_{21}^{(n)}}\right)$$

$$b_{n+1} = -(p - p_f)R_1\lambda_1(1 + \Gamma_1)\boldsymbol{D}_{11}^{(n)}\left(L_1 - \frac{\boldsymbol{D}_{12}^{(n)}}{\boldsymbol{D}_{11}^{(n)}}\right)$$

（1-67）

当 N 不超过 30 时，就能实现 $b_{n+1}=0$，因此结合方程（1-62），方程（1-58）可近似改写为

$$\varphi(\zeta) = \sum_{n=-N}^{N-1} a_n\zeta^{2n+1} + a_N\frac{\zeta^{2N+1}}{1 - \lambda\zeta^2}$$

（1-68）

其中，

$$a_n = \begin{cases} -(p - p_f)R_1\lambda_1(1 + \Gamma_1)\boldsymbol{D}_{11}^{(-n-1)}\left(L_1 - \dfrac{\boldsymbol{D}_{12}^{(-n-1)}}{\boldsymbol{D}_{11}^{(-n-1)}}\right), n = -N, -N+1, \cdots, -3, -2 \\[4mm] \dfrac{\lambda_1 R_1(p - p_f)}{2(1 - \alpha_1^2)} \cdot \dfrac{1 - \lambda_1^2 + 2\Gamma_1}{1 - (\lambda_1 / \alpha_1)^2}, n = -1 \\[4mm] -\dfrac{R_1(p - p_f)}{2(1 - \alpha_1^2)} \cdot \dfrac{1 - \lambda_1^2 + 2(\lambda_1 / \alpha_1)^2\Gamma_1}{1 - (\lambda_1 / \alpha_1)^2}, n = 0 \\[4mm] -(p - p_f)R_1\lambda_1(1 + \Gamma_1)\boldsymbol{D}_{21}^{(n)}\left(L_1 - \dfrac{\boldsymbol{D}_{22}^{(n)}}{\boldsymbol{D}_{21}^{(n)}}\right), n = 1, 2, 3, \cdots, N \end{cases}$$

将方程（1-58）代入方程（1-51）或者方程（1-52）中便可计算得到 $\psi(\zeta)$，即为

$$\psi(\zeta) = -\varphi(\zeta) - \omega(\zeta)\frac{\varphi'(1/\zeta)}{\omega'(1/\zeta)} - (p - p_f)\omega(\zeta)$$

（1-69）

（2）黏土矿物环的位移。在图 1-16（b）所示的应力状态下的应力函数是方程（1-68）和方程（1-69），将这两个应力函数带入方程（1-54）中，整理可得

$$\begin{aligned} u_{A1} = \frac{1 + \mu_1}{E_1}\Bigg\{ & \frac{3 - \mu_1}{1 + \mu_1}\left(\sum_{n=-N}^{N-1} a_n\alpha_1^{2n+1} + a_N\frac{\alpha_1^{2N+1}}{1 - \lambda_1\alpha_1^2}\right) \\ & + \frac{(1 - \lambda_1)(1/\alpha_1 - \alpha_1)}{1 - \lambda_1/\alpha_1^2}\left[\sum_{n=-N}^{N-1} (2n+1)a_n\alpha_1^{2n} + a_N\frac{\alpha_1^{2N}\left[(2N+1)\left(1 - \lambda_1\alpha_1^2\right) + 2\lambda_1\alpha_1^2\right]}{(1 - \lambda_1\alpha_1^2)^2}\right] \\ & + \left(\sum_{n=-N}^{N-1} a_n\frac{1}{\alpha_1^{2n+1}} + a_N\frac{1/\alpha_1^{2N+1}}{1 - \lambda_1/\alpha_1^2}\right) + (1/\alpha_1 + \lambda_1\alpha_1)R_1(p - p_f) \Bigg\} \end{aligned}$$

（1-70）

$$u_{a1} = \frac{1+\mu_1}{E_1}\left\{\frac{3-\mu_1}{1+\mu_1}\left[\sum_{n=-N}^{N-1}(-1)^n a_n \alpha_1^{2n+1}+(-1)^N a_N \frac{\alpha_1^{2N+1}}{1+\lambda_1\alpha_1^2}\right]\right.$$

$$+\frac{(1+\lambda_1)(1/\alpha_1-\alpha_1)}{1+\lambda_1/\alpha_1^2}\left[\sum_{n=-N}^{N+1}(2n+1)(-1)^n a_n \alpha_1^{2n}\right.$$

$$+a_N\frac{(-1)^N \alpha_1^{2N}[(2N+1)(1+\lambda_1\alpha_1^2)-2\lambda_1\alpha_1^2]}{(1+\lambda_1\alpha_1^2)^2}\right] \qquad (1\text{-}71)$$

$$\left.+\left[\sum_{n=-N}^{N-1}(-1)^n a_n \frac{1}{\alpha_1^{2n+1}}+(-1)^N a_N \frac{1/\alpha_1^{2N+1}}{1+\lambda_1/\alpha_1^2}\right]+(p-p_f)R_1\left(1/\alpha_1-\lambda_1\alpha_1\right)\right\}$$

$$u_{B1} = \frac{1+\mu_1}{E_1}\left[\frac{4}{1+\mu_1}\left(\sum_{n=-N}^{N-1}a_n+a_N\frac{1}{1-\lambda_1}\right)+(p-p_f)R_1\left(1+\lambda_1\right)\right] \qquad (1\text{-}72)$$

如图 1-16（c）所示的应力状态下的应力函数是方程（1-55）和方程（1-56），将其带入方程（1-54）中整理可得

$$u_{A2} = \frac{1}{E_1}p_f R_1(\alpha_1+\lambda_1/\alpha_1)(\mu_1-1) \qquad (1\text{-}73)$$

$$u_{a2} = \frac{1}{E_1}p_f R_1(\alpha_1-\lambda_1/\alpha_1)(\mu_1-1) \qquad (1\text{-}74)$$

$$u_{B2} = \frac{1}{E_1}p_f R_1(1+\lambda_1)(\mu_1-1) \qquad (1\text{-}75)$$

根据方程（1-70）～方程（1-75），就可以求得黏土矿物环的位移 u_A、u_a 和 u_B、u_b，只是方程（1-76）～方程（1-78）中存在未知参数 p。

$$u_A = \frac{1+\mu_1}{E_1}\left\{\frac{3-\mu_1}{1+\mu_1}\left(\sum_{n=-N}^{N-1}a_n\alpha_1^{2n+1}+a_N\frac{\alpha_1^{2N+1}}{1-\lambda_1\alpha_1^2}\right)\right.$$

$$+\frac{(1-\lambda_1)(1/\alpha_1-\alpha_1)}{1-\lambda_1/\alpha_1^2}\left[\sum_{n=-N}^{N-1}(2n+1)a_n\alpha_1^{2n}\right.$$

$$\left.+a_N\frac{\alpha_1^{2N}[(2N+1)(1-\lambda_1\alpha_1^2)+2\lambda_1\alpha_1^2]}{(1-\lambda_1\alpha_1^2)^2}\right] \qquad (1\text{-}76)$$

$$\left.+\left(\sum_{n=-N}^{N-1}a_n\frac{1}{\alpha_1^{2n+1}}+a_N\frac{1/\alpha_1^{2N+1}}{1-\lambda_1/\alpha_1^2}\right)+(1/\alpha_1+\lambda_1\alpha_1)R_1(p-p_f)\right\}$$

$$+\frac{1}{E_1}p_f R_1(\alpha_1+\lambda_1/\alpha_1)(\mu_1-1)$$

$$u_a = \frac{1+\mu_1}{E_1}\left\{\frac{3-\mu_1}{1+\mu_1}\left[\sum_{n=-N}^{N-1}(-1)^n a_n \alpha_1^{2n+1} + (-1)^N a_N \frac{\alpha_1^{2N+1}}{1+\lambda_1 \alpha_1^2}\right]\right.$$

$$+\frac{(1+\lambda_1)(1/\alpha_1-\alpha_1)}{1+\lambda_1/\alpha_1^2}\left[\sum_{n=-N}^{N+1}(2n+1)(-1)^n a_n \alpha_1^{2n}\right.$$

$$\left.+ a_N \frac{(-1)^N \alpha_1^{2N}[(2N+1)(1+\lambda_1\alpha_1^2)-2\lambda_1\alpha_1^2]}{(1+\lambda_1\alpha_1^2)^2}\right] \tag{1-77}$$

$$\left.+\left[\sum_{n=-N}^{N-1}(-1)^n a_n \frac{1}{\alpha_1^{2n+1}} + (-1)^N a_N \frac{1/\alpha_1^{2N+1}}{1+\lambda_1/\alpha_1^2}\right] + (p-p_f)R_1(1/\alpha_1-\lambda_1\alpha_1)\right\}$$

$$+\frac{1}{E_1}p_f R_1(\alpha_1-\lambda_1/\alpha_1)(\mu_1-1)$$

$$u_B = \frac{1+\mu_1}{E_1}\left[\frac{4}{1+\mu_1}\left(\sum_{n=-N}^{N-1} a_n + a_N \frac{1}{1-\lambda_1}\right) + (p-p_f)R_1(1+\lambda_1)\right] \tag{1-78}$$

$$+\frac{1}{E_1}p_f R_1(1+\lambda_1)(\mu_1-1)$$

方程（1-78）可以改写为

$$u_B = \left[\frac{4}{E_1}\left(\sum_{n=-N}^{N-1}\frac{a_n}{p-p_f} + \frac{a_N}{p-p_f}\frac{1}{1-\lambda_1}\right) + \frac{1+\mu_1}{E_1}R_1(1+\lambda_1)\right]p$$

$$-\left[\frac{4}{E_1}\left(\sum_{n=-N}^{N-1}\frac{a_n}{p-p_f} + \frac{a_N}{p-p_f}\frac{1}{1-\lambda_1}\right) + \frac{2}{E_1}R_1(1+\lambda_1)\right]p_f \tag{1-79}$$

即

$$u_B = Xp - Yp_f \tag{1-80}$$

其中，

$$X = \frac{4}{E_1}\left(\sum_{n=-N}^{N-1}\frac{a_n}{p-p_f} + \frac{a_N}{p-p_f}\frac{1}{1-\lambda_1}\right) + \frac{1+\mu_1}{E_1}R_1(1+\lambda_1)$$

$$Y = \frac{4}{E_1}\left(\sum_{n=-N}^{N-1}\frac{a_n}{p-p_f} + \frac{a_N}{p-p_f}\frac{1}{1-\lambda_1}\right) + \frac{2}{E_1}R_1(1+\lambda_1)$$

3. 岩石环的应力位移

岩石环的受力状态如图 1-15（b）所示，其应力函数和位移的求解方法与黏土矿物环的处理方法一致。黏土矿物环参数的下标用"1"表示，而岩石环参数的下标改为"2"，即有如下表达式成立。

（1）映射参数：

$$R_2 = \frac{C+c}{2} \quad \lambda_2 = \frac{C-c}{C+c} \quad \alpha_2 = \frac{B+b}{C+c} \quad w(\zeta) = R_2\left(\zeta + \lambda_2/\zeta\right)$$

（2）剪切模量和弹性模量分别为 $\mu_1 \rightarrow \mu_2$ 和 $E_1 \rightarrow E_2$。

（3）罗朗级数中的系数为 $a_n \rightarrow \tilde{a}_n, a_N \rightarrow \tilde{a}_N$。

（4）矩阵 $\boldsymbol{D}_n$ 替换为 $\boldsymbol{H}_n$。

综上，则可得到岩石环内壁在（$x=B$，$y=0$）处的位移 u_B' 表达式如下：

$$
\begin{aligned}
u_B' = \frac{1+\mu_2}{E_2} &\left\{ \frac{3-\mu_2}{1+\mu_2}\left(\sum_{n=-N}^{N-1} \tilde{a}_n\alpha_2^{2n+1} + \tilde{a}_N \frac{\alpha_2^{2N+1}}{1-\lambda_2\alpha_2^2} \right) \right. \\
&+ \frac{(1-\lambda_2)(1/\alpha_2 - \alpha_2)}{1-\lambda_2/\alpha_2^2}\left[\sum_{n=-N}^{N-1}(2n+1)\tilde{a}_n\alpha_2^{2n} + \tilde{a}_N \frac{\alpha_2^{2N}[(2N+1)(1-\lambda_2\alpha_2^2)+2\lambda_2\alpha_2^2]}{(1-\lambda_2\alpha_2^2)^2} \right] \\
&\left. + \left(\sum_{n=-N}^{N-1} \tilde{a}_n \frac{1}{\alpha_2^{2n+1}} + \tilde{a}_N \frac{1/\alpha_2^{2N+1}}{1-\lambda_2/\alpha_2^2} \right) + (1/\alpha_2 + \lambda_2\alpha_2)R_2(p_c - p) \right\} \\
&+ \frac{1}{E_2}pR_2(\alpha_2 + \lambda_2/\alpha_2)(\mu_2 - 1)
\end{aligned}
$$

$$(1\text{-}81)$$

其中，

$$
\tilde{a}_n = \begin{cases}
(p-p_c)R_2\lambda_2(1+\varGamma_2)\boldsymbol{H}_{11}^{(-n-1)}\left(L_2 - \dfrac{\boldsymbol{H}_{12}^{(-n-1)}}{\boldsymbol{H}_{11}^{(-n-1)}} \right), n = -N, -N+1, \cdots, -3, -2 \\[4mm]
-\dfrac{\lambda_2 R_2(p-p_c)}{2(1-\alpha_2^2)} \cdot \dfrac{1-\lambda_2^2 + 2\varGamma_2}{1-(\lambda_2/\alpha_2)^2}, n = -1 \\[4mm]
\dfrac{R_2(p-p_c)}{2(1-\alpha_2^2)} \cdot \dfrac{1-\lambda_2^2 + 2(\lambda_2/\alpha_2)^2\varGamma_2}{1-(\lambda_2/\alpha_2)^2}, n = 0 \\[4mm]
(p-p_c)R_2\lambda_2(1+\varGamma_2)\boldsymbol{H}_{21}^{(n)}\left(L_2 - \dfrac{\boldsymbol{H}_{22}^{(n)}}{\boldsymbol{H}_{21}^{(n)}} \right), n = 1, 2, 3, \cdots, N
\end{cases}
$$

同时将方程（1-8）改写为如下方程：

$$u_B' = \tilde{X}p - \tilde{Y}p_c \tag{1-82}$$

其中，

$$\tilde{X} = \frac{1+\mu_2}{E_2} \left\{ \frac{3-\mu_2}{1+\mu_2} \left(\sum_{n=-N}^{N-1} \frac{\tilde{a}_n}{p-p_c} \alpha_2^{2n+1} + \frac{\tilde{a}_N}{p-p_c} \frac{\alpha_2^{2N+1}}{1-\lambda_2\alpha_2^{2}} \right) \right.$$

$$+ \frac{(1-\lambda_2)(1/\alpha_2 - \alpha_2)}{1-\lambda_2/\alpha_2^{2}} \left[\sum_{n=-N}^{N-1} \frac{(2n+1)\tilde{a}_n}{p-p_c} \alpha_2^{2n} \right.$$

$$+ \frac{\tilde{a}_N}{p-p_c} \frac{\alpha_2^{2N}[(2N+1)(1-\lambda_2\alpha_2^{2})+2\lambda_2\alpha_2^{2}]}{(1-\lambda_2\alpha_2^{2})^2} \right]$$

$$+ \left(\sum_{n=-N}^{N-1} \frac{\tilde{a}_n}{p-p_c} \frac{1}{\alpha_2^{2n+1}} + \frac{\tilde{a}_N}{p-p_c} \frac{1/\alpha_2^{2N+1}}{1-\lambda_2/\alpha_2^{2}} \right)$$

$$\left. - R_2 \left(1/\alpha_2 + \lambda_2\alpha_2 \right) + R_2 \left(\alpha_2 + \lambda_2/\alpha_2 \right) \frac{\mu_2 - 1}{\mu_2 + 1} \right\}$$

$$\tilde{Y} = \frac{1+\mu_2}{E_2} \left\{ \frac{3-\mu_2}{1+\mu_2} \left(\sum_{n=-N}^{N-1} \frac{\tilde{a}_n}{p-p_c} \alpha_2^{2n+1} + \frac{\tilde{a}_N}{p-p_c} \frac{\alpha_2^{2N+1}}{1-\lambda_2\alpha_2^{2}} \right) \right.$$

$$+ \frac{(1-\lambda_2)(1/\alpha_2 - \alpha_2)}{1-\lambda_2/\alpha_2^{2}} \left[\sum_{n=-N}^{N-1} \frac{(2n+1)\tilde{a}_n}{p-p_c} \alpha_2^{2n} \right.$$

$$+ \frac{\tilde{a}_N}{p-p_c} \frac{\alpha_2^{2N}[(2N+1)(1-\lambda_2\alpha_2^{2})+2\lambda_2\alpha_2^{2}]}{(1-\lambda_2\alpha_2^{2})^2} \right]$$

$$\left. + \left(\sum_{n=-N}^{N-1} \frac{\tilde{a}_n}{p-p_c} \frac{1}{\alpha_2^{2n+1}} + \frac{\tilde{a}_N}{p-p_c} \frac{1/\alpha_2^{2N+1}}{1-\lambda_2/\alpha_2^{2}} \right) - \left(1/\alpha_2 + \lambda_2\alpha_2 \right) R_2 \right\}$$

因为 u_B 和 u'_B 是表示（$x=B$，$y=0$）处黏土矿物环和岩石环上的位移，所以它们相等，于是根据方程（1-80）和方程（1-82），可得 p 的表达式为

$$p = \frac{Yp_f - \tilde{Y}p_c}{X - \tilde{X}} \tag{1-83}$$

将 a_n、$\tilde{a}_n$ 带入 X、$\tilde{X}$、Y 和 $\tilde{Y}$ 中，整理可得

$$X = \frac{4}{E_1} \left\{ \sum_{n=-N}^{-2} -R_1\lambda_1(1+\Gamma_1)\boldsymbol{D}_{11}^{(-n-1)} \left(L_1 - \frac{\boldsymbol{D}_{12}^{(-n-1)}}{\boldsymbol{D}_{11}^{(-n-1)}} \right) + \frac{\lambda_1 R_1}{2(1-\alpha_1^2)} \frac{1-\lambda_1^2+2\Gamma_1}{1-(\lambda_1/\alpha_1)^2} \right.$$

$$- \frac{R_1}{2(1-\alpha_1^2)} \frac{1-\lambda_1^2+2(\lambda_1/\alpha_1)^2\Gamma_1}{1-(\lambda_1/\alpha_1)^2} - \sum_{n=1}^{N-1} R_1\lambda_1(1+\Gamma_1)\boldsymbol{D}_{21}^{(n)} \left(L_1 - \frac{\boldsymbol{D}_{22}^{(n)}}{\boldsymbol{D}_{21}^{(n)}} \right) \tag{1-84}$$

$$\left. - R_1\lambda_1(1+\Gamma_1)\boldsymbol{D}_{21}^{(N)} \left(L_1 - \frac{\boldsymbol{D}_{22}^{(N)}}{\boldsymbol{D}_{21}^{(N)}} \right) \frac{1}{1-\lambda_1} \right\} + \frac{1+\mu_1}{E_1} R_1 (1+\lambda_1)$$

$$Y = \frac{4}{E_1} \left\{ \sum_{n=-N}^{-2} -R_1 \lambda_1 (1+\Gamma_1) \boldsymbol{D}_{11}^{(-n-1)} \left(L_1 - \frac{\boldsymbol{D}_{12}^{(-n-1)}}{\boldsymbol{D}_{11}^{(-n-1)}} \right) + \frac{\lambda_1 R_1}{2(1-\alpha_1^2)} \frac{1-\lambda_1^2 + 2\Gamma_1}{1-(\lambda_1/\alpha_1)^2} \right.$$

$$\left. - \frac{R_1}{2(1-\alpha_1^2)} \frac{1-\lambda_1^2 + 2(\lambda_1/\alpha_1)^2 \Gamma_1}{1-(\lambda_1/\alpha_1)^2} - \sum_{n=1}^{N-1} R_1 \lambda_1 (1+\Gamma_1) \boldsymbol{D}_{21}^{(n)} \left(L_1 - \frac{\boldsymbol{D}_{22}^{(n)}}{\boldsymbol{D}_{21}^{(n)}} \right) \right. \quad (1\text{-}85)$$

$$\left. - R_1 \lambda_1 (1+\Gamma_1) \boldsymbol{D}_{21}^{(N)} \left(L_1 - \frac{\boldsymbol{D}_{22}^{(N)}}{\boldsymbol{D}_{21}^{(N)}} \right) \frac{1}{1-\lambda_1} \right\} + \frac{2}{E_1} R_1 (1+\lambda_1)$$

$$\tilde{X} = \frac{1+\mu_2}{E_2} \left\{ R_2 \lambda_2 \frac{3-\mu_2}{1+\mu_2} \left[(1+\Gamma_2) \sum_{n=-N}^{-2} \boldsymbol{H}_{11}^{(-n-1)} \left(L_2 - \frac{\boldsymbol{H}_{12}^{(-n-1)}}{\boldsymbol{H}_{11}^{(-n-1)}} \right) \alpha_2^{2n+1} - \frac{1}{2(1-\alpha_2^2)} \cdot \frac{1-\lambda_2^2 + 2\Gamma_2}{1-(\lambda_2/\alpha_2)^2} \cdot \frac{1}{\alpha_2} \right. \right.$$

$$\left. + \frac{1}{2(1-\alpha_2^2)} \cdot \frac{1-\lambda_2^2 + 2(\lambda_2/\alpha_2)^2 \Gamma_2}{1-(\lambda_2/\alpha_2)^2} \frac{\alpha_2}{\lambda_2} + (1+\Gamma_2) \sum_{n=1}^{N-1} \boldsymbol{H}_{21}^{(n)} \left(L_2 - \frac{\boldsymbol{H}_{22}^{(n)}}{\boldsymbol{H}_{21}^{(n)}} \right) \alpha_2^{2n+1} \right.$$

$$\left. + (1+\Gamma_2) \boldsymbol{H}_{21}^{(N)} \left(L_2 - \frac{\boldsymbol{H}_{22}^{(N)}}{\boldsymbol{H}_{21}^{(N)}} \right) \frac{\alpha_2^{2N+1}}{1-\lambda_2 \alpha_2^2} \right]$$

$$+ R_2 \lambda_2 \frac{(1-\lambda_2)(1/\alpha_2 - \alpha_2)}{1-\lambda_2/\alpha_2^2} \left[(1+\Gamma_2) \sum_{n=-N}^{-2} (2n+1) \boldsymbol{H}_{11}^{(-n-1)} \left(L_2 - \frac{\boldsymbol{H}_{12}^{(-n-1)}}{\boldsymbol{H}_{11}^{(-n-1)}} \right) \alpha_2^{2n} \right.$$

$$+ \frac{1}{2(1-\alpha_2^2)} \cdot \frac{1-\lambda_2^2 + 2\Gamma_2}{1-(\lambda_2/\alpha_2)^2} \cdot \alpha_2^{-2}$$

$$+ \frac{1}{2(1-\alpha_2^2)} \cdot \frac{1-\lambda_2^2 + 2(\lambda_2/\alpha_2)^2 \Gamma_2}{1-(\lambda_2/\alpha_2)^2} \frac{1}{\lambda_2} + (1+\Gamma_2) \sum_{n=1}^{N-1} (2n+1) \boldsymbol{H}_{21}^{(n)} \left(L_2 - \frac{\boldsymbol{H}_{22}^{(n)}}{\boldsymbol{H}_{21}^{(n)}} \right) \alpha_2^{2n}$$

$$\left. + (1+\Gamma_2) \boldsymbol{H}_{21}^{(N)} \left(L_2 - \frac{\boldsymbol{H}_{22}^{(N)}}{\boldsymbol{H}_{21}^{(N)}} \right) \frac{\alpha_2^{2N}[(2N+1)(1-\lambda_2 \alpha_2^2) + 2\lambda_2 \alpha_2^2]}{(1-\lambda_2 \alpha_2^2)^2} \right]$$

$$+ R_2 \lambda_2 \left[(1+\Gamma_2) \sum_{n=-N}^{-2} \boldsymbol{H}_{11}^{(-n-1)} \left(L_2 - \frac{\boldsymbol{H}_{12}^{(-n-1)}}{\boldsymbol{H}_{11}^{(-n-1)}} \right) \frac{1}{\alpha_2^{2n+1}} \right.$$

$$- \frac{1}{2(1-\alpha_2^2)} \cdot \frac{1-\lambda_2^2 + 2\Gamma_2}{1-(\lambda_2/\alpha_2)^2} \cdot \alpha_2 + \frac{1}{2(1-\alpha_2^2)} \cdot \frac{1-\lambda_2^2 + 2(\lambda_2/\alpha_2)^2 \Gamma_2}{1-(\lambda_2/\alpha_2)^2} \frac{1}{\alpha_2 \lambda_2}$$

$$\left. + (1+\Gamma_2) \sum_{n=1}^{N-1} \boldsymbol{H}_{21}^{(n)} \left(L_2 - \frac{\boldsymbol{H}_{22}^{(n)}}{\boldsymbol{H}_{21}^{(n)}} \right) \frac{1}{\alpha_2^{2n+1}} + (1+\Gamma_2) \boldsymbol{H}_{21}^{(N)} \left(L_2 - \frac{\boldsymbol{H}_{22}^{(N)}}{\boldsymbol{H}_{21}^{(N)}} \right) \frac{1/\alpha_2^{2N+1}}{1-\lambda_2/\alpha_2^2} \right]$$

$$\left. - R_2 (1/\alpha_2 + \lambda_2 \alpha_2) + R_2 (\alpha_2 + \lambda_2/\alpha_2) \frac{\mu_2 - 1}{\mu_2 + 1} \right\}$$

$$(1\text{-}86)$$

$$\tilde{Y}=\frac{1+\mu_2}{E_2}\left\{R_2\lambda_2\frac{3-\mu_2}{1+\mu_2}\left[(1+\varGamma_2)\sum_{n=-N}^{-2}H_{11}^{(-n-1)}\left(L_2-\frac{H_{12}^{(-n-1)}}{H_{11}^{(-n-1)}}\right)\alpha_2^{2n+1}-\frac{1}{2(1-\alpha_2^2)}\cdot\frac{1-\lambda_2^2+2\varGamma_2}{1-(\lambda_2/\alpha_2)^2}\cdot\frac{1}{\alpha_2}\right.\right.$$

$$+\frac{1}{2(1-\alpha_2^2)}\cdot\frac{1-\lambda_2^2+2(\lambda_2/\alpha_2)^2\varGamma_2}{1-(\lambda_2/\alpha_2)^2}\frac{\alpha_2}{\lambda_2}+(1+\varGamma_2)\sum_{n=1}^{N-1}H_{21}^{(n)}\left(L_2-\frac{H_{22}^{(n)}}{H_{21}^{(n)}}\right)\alpha_2^{2n+1}$$

$$+(1+\varGamma_2)H_{21}^{(N)}\left(L_2-\frac{H_{22}^{(N)}}{H_{21}^{(N)}}\right)\frac{\alpha_2^{2N+1}}{1-\lambda_2\alpha_2^2}\bigg]$$

$$+R_2\lambda_2\frac{(1-\lambda_2)(1/\alpha_2-\alpha_2)}{1-\lambda_2/\alpha_2^2}\left[(1+\varGamma_2)\sum_{n=-N}^{-2}(2n+1)H_{11}^{(-n-1)}\left(L_2-\frac{H_{12}^{(-n-1)}}{H_{11}^{(-n-1)}}\right)\alpha_2^{2n}\right.$$

$$+\frac{1}{2(1-\alpha_2^2)}\cdot\frac{1-\lambda_2^2+2\varGamma_2}{1-(\lambda_2/\alpha_2)^2}\cdot\alpha_2^{-2}+\frac{1}{2(1-\alpha_2^2)}\cdot\frac{1-\lambda_2^2+2(\lambda_2/\alpha_2)^2\varGamma_2}{1-(\lambda_2/\alpha_2)^2}\frac{1}{\lambda_2}$$

$$+(1+\varGamma_2)\sum_{n=1}^{N-1}(2n+1)H_{21}^{(n)}\left(L_2-\frac{H_{22}^{(n)}}{H_{21}^{(n)}}\right)\alpha_2^{2n}$$

$$+(1+\varGamma_2)H_{21}^{(N)}\left(L_2-\frac{H_{22}^{(N)}}{H_{21}^{(N)}}\right)\frac{\alpha_2^{2N}[(2N+1)(1-\lambda_2\alpha_2^2)+2\lambda_2\alpha_2^2]}{(1-\lambda_2\alpha_2^2)^2}\bigg]$$

$$+R_2\lambda_2\left[(1+\varGamma_2)\sum_{n=-N}^{-2}H_{11}^{(-n-1)}\left(L_2-\frac{H_{12}^{(-n-1)}}{H_{11}^{(-n-1)}}\right)\frac{1}{\alpha_2^{2n+1}}-\frac{1}{2(1-\alpha_2^2)}\cdot\frac{1-\lambda_2^2+2\varGamma_2}{1-(\lambda_2/\alpha_2)^2}\cdot\alpha_2\right.$$

$$+\frac{1}{2(1-\alpha_2^2)}\cdot\frac{1-\lambda_2^2+2(\lambda_2/\alpha_2)^2\varGamma_2}{1-(\lambda_2/\alpha_2)^2}\frac{1}{\alpha_2\lambda_2}+(1+\varGamma_2)\sum_{n=1}^{N-1}H_{21}^{(n)}\left(L_2-\frac{H_{22}^{(n)}}{H_{21}^{(n)}}\right)\frac{1}{\alpha_2^{2n+1}}$$

$$+(1+\varGamma_2)H_{21}^{(N)}\left(L_2-\frac{H_{22}^{(N)}}{H_{21}^{(N)}}\right)\frac{1/\alpha_2^{2N+1}}{1-\lambda_2/\alpha_2^2}\bigg]-R_2(1/\alpha_2+\lambda_2\alpha_2)\right\}$$

$$(1\text{-}87)$$

外环（$x=C$，$y=0$）和（$x=0$，$y=c$）处的应变 u_C 和 u_c 分别可表示为

$$u_C=\frac{4}{E_2}\left\{(p-p_c)R_2\lambda_2(1+\varGamma_2)\left[L_2\left(\sum_{n=1}^{N-1}H_{11}^{(n)}+\sum_{n=1}^{N-1}H_{12}^{(n)}\right)-\sum_{n=1}^{N-1}H_{21}^{(n)}-\sum_{n=1}^{N-1}H_{22}^{(n)}\right]\right.$$

$$-\frac{\lambda_2R_2(p-p_c)}{2(1-\alpha_2^2)}\frac{1-\lambda_2^2+2\varGamma_2}{1-(\lambda_2/\alpha_2)^2}+\frac{R_2(p-p_c)}{2(1-\alpha_2^2)}\cdot\frac{1-\lambda_2^2+2(\lambda_2/\alpha_2)^2\varGamma_2}{1-(\lambda_2/\alpha_2)^2}$$

$$+\frac{1}{1-\lambda_2}\lambda_2R_2(p-p_c)(1+\varGamma_2)\left(L_2H_{12}^{(N)}-H_{22}^{(N)}\right)\right\}$$

$$+\frac{1+\mu_2}{E_2}(p_c-p)R_2(1+\lambda_2)+\frac{1}{E_2}pR_2(1+\lambda_2)(\mu_2-1)$$

$$(1\text{-}88)$$

$$u_c = \frac{4}{E_2} \left\{ (p-p_c)R_2\lambda_2(1+\Gamma_2) \left[L_2 \left(\sum_{n=1}^{N-1} H_{11}^{(n)}(-1)^{-1-n} + \sum_{n=1}^{N-1} H_{12}^{(n)}(-1)^n \right) - \sum_{n=1}^{N-1} H_{21}^{(n)}(-1)^{-1-n} - \sum_{n=1}^{N-1} H_{22}^{(n)}(-1)^n \right] \right.$$

$$- \frac{\lambda_2 R_2(p-p_c)}{2(1-\alpha_2^2)} \frac{1-\lambda_2^2 + 2\Gamma_2}{1-(\lambda_2/\alpha_2)^2} + \frac{R_2(p-p_c)}{2(1-\alpha_2^2)} \frac{1-\lambda_2^2 + 2(\lambda_2/\alpha_2)^2 \Gamma_2}{1-(\lambda_2/\alpha_2)^2}$$

$$+ \frac{(-1)^N}{1-\lambda_2} \lambda_2 R_2(p-p_c)(1+\Gamma_2)\left(L_2 H_{12}^{(N)} - H_{22}^{(N)} \right) \Bigg\}$$

$$+ \frac{1+\mu_2}{E_2}(p_c-p)R_2(1+\lambda_2) + \frac{1}{E_2} pR_2(1-\lambda_2)(\mu_2-1)$$

$$\text{(1-89)}$$

根据方程（1-83）～方程（1-89）可计算出 p，进而计算得到 u_A 和 u_a 与 u_C 和 u_c。假设零应力状态下椭圆孔隙的长半轴和短半轴分别是 A_0、C_0 和 a_0、c_0，那么某应力状态（p_c, p_f）下的椭圆孔隙的长半轴（A、C）和短半轴（a、c）可表示为

$$A = A_0 + u_A \tag{1-90}$$

$$C = C_0 + u_C \tag{1-91}$$

$$a = a_0 + u_a \tag{1-92}$$

$$c = c_0 + u_c \tag{1-93}$$

结合椭圆孔隙渗透率的计算公式（Bernabé，1982；邓海顺等，2004；肖文联，2009），得到黏土矿物椭圆裂缝岩石模型的渗透率为

$$k = \frac{A^2 a^2}{4(A^2 + a^2)} \tag{1-94}$$

这与不含黏土矿物椭圆孔隙的渗透率计算公式形式一样，其中 A 和 a 没有简单的解析表达式，只能通过数值法求解。

4. 椭圆裂缝黏土岩石模型分析

结合方程（1-94），分析椭圆裂缝黏土岩石模型中孔隙度、黏土矿物（弹性模量和含量）与椭圆截面的纵横比（纵横比 ε 越小，裂缝特征就越明显；ε 越靠近 1，圆形管束孔隙特征就越明显）对有效应力系数 κ_s 的影响。如图 1-7 所示，黏土矿物含量 $F_c = (Bb-Aa)/(Cc-Aa)$，孔隙度 $\phi = Aa/Cc$，椭圆孔隙的纵横比 $\varepsilon = a/A$。为分析的方便，假设 $A=1$，同时结合 F_c、ϕ 和 ε 参数以及方程（1-48），便可以计算出 a、B、b、C 和 c。然后得到设计压力下的渗透率及其有效应力系数 κ_s。与此同时，为与岩石变形特征进行对比分析，还计算了岩石孔隙体积压缩系数（$C_{pp} = (1/V_p)(\delta V_p/\delta p_f)$）（Zimmerman，1991）的有效应力系数，记为 $\kappa_{C_{pp}}$。计算过程中，围压 p_c 选择了 3 个水平，分别是 50MPa、40MPa 和 30MPa；在每个围压保持不变的情况下，孔隙流体压力 p_f 分别选择了 25MPa、20MPa、15MPa、10MPa、5MPa 和 0MPa。不同围压和孔隙流体压力下典型渗透率和孔隙体积压缩系数如图 1-17

和图 1-18 所示（此时对应的条件是（γ=1.0，F_c=0.10，ϕ=0.10）），这与模型假设的应力应变满足弹性变形且应力变化过程中纵横比保持不变有关。

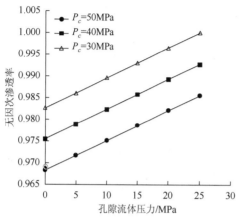

图 1-17　不同围压和孔隙流体压力下的无因次渗透率

图 1-18　不同围压和孔隙流体压力下的无因次孔隙体积压缩系数

　　渗透率和孔隙体积压缩系数分别与围压和孔隙流体压力满足线性关系，计算得到的渗透率等值线也是相互平行的直线，因此在研究压力范围内，给定纵横比、黏土矿物含量与弹性模量、孔隙度的条件下，由黏土矿物椭圆裂缝模型得到的 κ_s 和 $\kappa_{C_{pp}}$ 都是常数。在对比分析方案中，给定的纵横比 ε 分别是 0.99、0.5 和 0.2；γ 分别是 1、5、10、20 和 50；F_c 分别是 0.05、0.10、0.15 和 0.2；ϕ 分别是 0.05、0.10 和 0.15。有效应力系数计算结果见图 1-19～图 1-27（图中 C_{pp} 和 k 分别表示孔隙体积压缩系数对应的 $\kappa_{C_{pp}}$ 数据点和渗透率对应的 κ_s 数据点）。

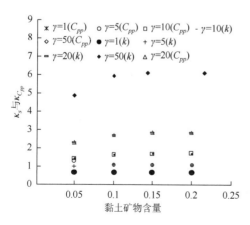

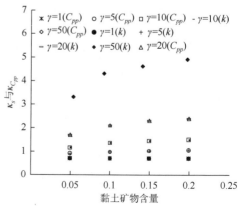

图 1-19　κ、F_c 和 γ 的关系（ε=0.99，φ=0.05）

图 1-20　κ、F_c 和 γ 的关系（ε=0.99，φ=0.10）

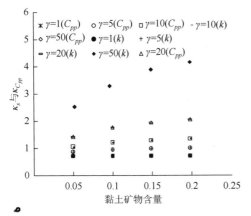

图 1-21 κ、F_c 和 γ 的关系（$\varepsilon=0.99$，$\varphi=0.15$）

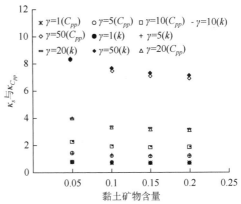

图 1-22 κ、F_c 和 γ 的关系（$\varepsilon=0.5$，$\varphi=0.05$）

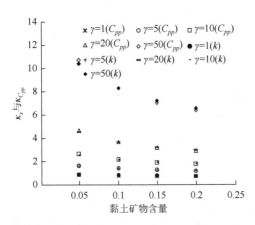

图 1-23 κ、F_c 和 γ 的关系（$\varepsilon=0.5$，$\varphi=0.10$）

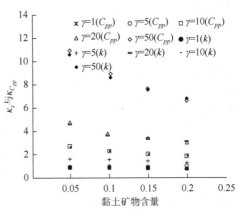

图 1-24 κ、F_c 和 γ 的关系（$\varepsilon=0.5$，$\varphi=0.15$）

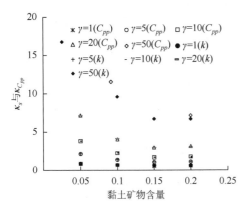

图 1-25 κ、F_c 和 γ 的关系（$\varepsilon=0.2$，$\varphi=0.05$）

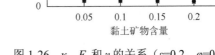

图 1-26 κ、F_c 和 γ 的关系（$\varepsilon=0.2$，$\varphi=0.10$）

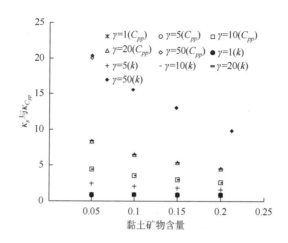

图 1-27　κ、F_c 和 γ 的关系（$\varepsilon=0.2$，$\varphi=0.15$）

计算结果表明，在纵横比接近 1 时，有效应力系数随黏土矿物含量的增加而增加，甚至远大于 1，同时，随 γ 而增加的这种现象会更加明显（这与 Al-Wardy 和 Zimmerman（2004）的结果一致，如图 1-2 所示），并且随孔隙度的增加而减小，原因是黏土矿物含量的增加会使得喉道半径随孔隙流体压力变化，从而出现更大的变化幅度，而孔隙度的增加，使得外半径（例如 "C" 和 "c"）减小（计算中假设 A 等于一个单位长度且不变），也使黏土矿物的数量减少，于是喉道半径随孔隙流体压力的变化就会更弱。当纵横比 ε 减小时，有效应力系数随 γ 的增加将出现大于甚至远大于 1 的情况，同时，有效应力系数随黏土矿物含量的增加而减少、随 γ 而增加的这种现象会更加明显，原因是 ε 越小表明岩石裂缝特征越明显，孔隙空间就越小，此时，黏土矿物含量的增加还会使得岩石随围压的变化而增大。与此同时，孔隙度的影响不再显著。因此，对于黏土矿物椭圆裂缝岩石模型，纵横比和黏土矿物性质（含量和弹性模量）对有效应力系数的影响十分明显，而孔隙度的影响随 ε 的减小而减小，甚至可以忽略。当不含黏土矿物时，有效应力系数随 ε 的减小而增加；当 $\varepsilon=1$ 时（圆形喉道），有效应力系数最小为 0.55；当 ε 趋近于 0 时，有效应力系数最大且靠近 1，这与 Bernabé（1986）的结果一致。

对比分析还发现两种有效应力系数 κ_s 和 $\kappa_{C_{pp}}$ 的结果在相同条件下基本上相等，这说明有效应力系数可以共同反映岩石的渗流和孔隙变形特征。同时，这两种有效应力系数在给定条件下（纵横比、黏土矿物弹性模量等保持不变）是常数，随压力的变化不发生改变，表现出线性特征，这与假设岩石此时是弹性变形且纵横比保持不变有关。

1.3.2　钉状裂缝黏土岩石模型

1. 钉状裂缝黏土岩石的等效模型及其理论

图 1-14 所示的钉状裂缝黏土岩石模型的关键在于确定裂缝开度与应力之间的关系，这与类似"钉状体"的形状和支撑裂缝壁面的类似"钉状体"的数量有关。Gangi（1978）认为这些类似"钉状体"可能是不同半径或者长度的半球体、圆锥体、楔状体或者钉状体。只是钉状体在所有模型中最简单，而且其余三种模型体的分布特征均可借助钉状体的分布表征而得到。因此本书选择钉状体作为模型研究的基础。

钉状模型（图 1-14）可进一步简化为图 1-28，其中图 1-28（a）表示零应力状态下的模型，图 1-28（b）表示应力状态为（p_c, p_f）下的模型。假设模型的整个应力应变满足弹性变形；每个钉状体上的黏土矿物长度 L_{ci} 相等且截面积为 a_i；裂缝面的总面积为 A；裂缝的长度和宽度分别为 L 和 D，即裂缝壁的面积 $A=L\times D$；裂缝面上的微凸体高度满足乘幂分布；裂缝中的流动满足层流，且遵循立方定律。

图 1-28（a）中 w_0 表示零应力状态下裂缝的开度，L_i 表示第 i 根钉状体的长度，其中，L_{ci} 和 L_{ri} 分别表示黏土矿物段的长度和岩石段的长度，K_{ci} 和 K_{ri} 分别表示黏土矿物和岩石的弹性系数；右边的钉状体为黏土矿物和岩石组合体的等效钉状体，其长度等于 L_i，弹性系数 K_i 与 K_{ci}、K_{ri} 之间满足如下关系：

$$K_i = \frac{K_{ci}K_{ri}}{K_{ci}+K_{ri}} \tag{1-95}$$

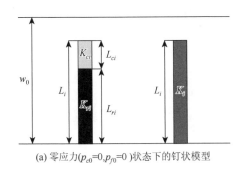
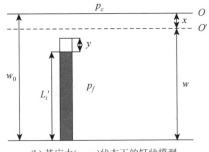

(a) 零应力(p_{c0}=0,p_{f0}=0)状态下的钉状模型　　(b) 某应力(p_c, p_f)状态下的钉状模型

图 1-28　简化的黏土矿物钉状裂缝模型

假设每个钉状体的杨氏模量 E 相等，根据杨氏模量的定义和胡克定律便可得

到每个钉状体的横截面积 a_i 与其长度 L_i 成正比，即

$$K_i = E a_i / L_i = K = \mathrm{constant} \qquad (1\text{-}96)$$

令

$$a_i / L_i = K / E = b w_0 \qquad (1\text{-}97)$$

其中，b 为远小于 1 的常数。同理可得

$$K_{ci} = E_c a_i / L_{ci} = K_c \qquad (1\text{-}98)$$

$$K_{ri} = E_r a_i / L_{ri} = K_r \qquad (1\text{-}99)$$

将方程（1-98）和方程（1-99）带入方程（1-95）中整理可得

$$K = K_i = \frac{K_{ci} K_{ri}}{K_{ci} + K_{ri}} = \frac{a_i}{L_i} \frac{E_c E_r}{E_c \dfrac{L_{ri}}{L_i} + E_r \dfrac{L_{ci}}{L_i}} = \frac{b w_0 E_c E_r}{E_c F_r^{1/3} + E_r F_c^{1/3}} \qquad (1\text{-}100)$$

其中，F_r、F_c——岩石颗粒和黏土矿物的含量，$F_r + F_c = 1.0$。

黏土矿物含量是黏土矿物体积与岩石骨架体积和黏土矿物体积的和的百分比，结合图 1-17（a）和方程（1-96），便可知黏土矿物的体积是黏土矿物段长度 L_{ci} 的三次方，于是 L_{ci}/L_i 等于黏土矿物含量 F_c 的 1/3 次方，同理可得 L_{ci}/L_i 是岩石颗粒含量 F_r 的 1/3 次方。

对比方程（1-96）、方程（1-97）和方程（1-100），有

$$E = \frac{E_c E_r}{E_c F_r^{1/3} + E_r F_c^{1/3}} \qquad (1\text{-}101)$$

如图 1-28（b）所示，在外应力 p_c 和孔隙流体压力 p_f 作用下，裂缝的开度为 w，初始面 O 移动位移 x 到 O'，则有

$$w_0 = w + x \qquad (1\text{-}102)$$

将图 1-28（b）视为应力状态（$p_c - p_f$, 0）和应力状态（p_f, p_f）的叠加，即是图 1-29（a）和图 1-29（b）所示两种应力状态的叠加。$p_c - p_f$ 控制裂缝开度的变化，p_f 控制钉状体长度的变化。

因此，等效柱子的长度 L_i' 与长度变化 y 间满足如下方程：

$$L_i = L_i' + y \qquad (1\text{-}103)$$

其中，

$$y = p_f a_i / K_i = p_f L_i / E \qquad (1\text{-}104)$$

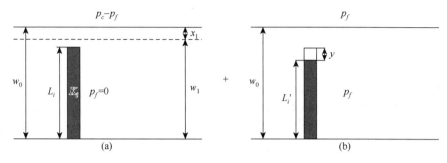

图 1-29　应力状态 (p_c, p_f) 下的等效叠加示意图

对于图 1-29（a）的应力状态，根据 Gangi（1978）的关于裂缝模型的推导公式，有

$$p_c - p_f = \frac{I_0 b w_0^2 E_c E_r}{An(E_c F_r^{1/3} + E_r F_c^{1/3})}\left(\frac{x_1}{w_0}\right)^n = \frac{I_0 b w_0^2 E}{An}\left(\frac{x_1}{w_0}\right)^n \qquad (1\text{-}105)$$

其中，I_0——钉状体的总个数；

A——裂缝面的面积。

对于图 1-29（b）所示应力状态，裂缝两壁面间的距离不变，钉状体受孔隙流体压力的影响而发生变形，其变化量 y 满足方程（1-104），相当于裂缝面间的距离增大了 y。

因此，从零应力状态到应力状态 (p_c, p_f) 裂缝开度的变化量 x 为

$$x = x_1 - y \qquad (1\text{-}106)$$

裂缝的渗透率 k 满足立方定律，即 $k = w^3/(3\pi D)$，于是有

$$\frac{k}{k_0} = \left(1 - \frac{x}{w_0}\right)^3 \qquad (1\text{-}107)$$

结合方程（1-104）～方程（1-107），可得

$$\left(\frac{k}{k_0}\right)^{1/3} = 1 - \frac{x_1}{w_0} + \frac{y}{w_0} = 1 - \left[\frac{p_c - p_f}{(I_0 b w_0^2 E)/An}\right]^{1/n} + \frac{p_f}{E}\frac{L_i}{w_0} \qquad (1\text{-}108)$$

相对于黏土矿物的变形，岩石骨架颗粒的变形可以忽略，因此方程（1-104）可表示为

$$y = p_f L_{ci}/E_c \qquad (1\text{-}109)$$

那么方程（1-108）可改写为

$$\left(\frac{k}{k_0}\right)^{1/3} = 1 - \left[\frac{p_c - p_f}{(I_0 b w_0^2 E)/An}\right]^{1/n} + \frac{p_f}{E_c}\frac{L_{ci}}{w_0} \qquad (1\text{-}110)$$

其中，定义 $p_1 = I_0 b w_0^2 E/An = E(A_r/A)$，$A_r$ 是接触钉状体的截面积之和。

当 $p_f = 0$ 时，根据方程（1-110）可得到渗透率与有效应力的关系式如下：

$$\left(\frac{k}{k_0}\right)^{1/3} = 1 - \left(\frac{p_{\text{eff}}}{p_1}\right)^{1/n} \tag{1-111}$$

这与不含黏土矿物的 Gangi 钉状裂缝模型的形式相同。

2. 钉状裂缝黏土岩石模型分析

根据方程（1-94）和方程（1-110），用本书所介绍的有效应力系数计算方法，对比分析岩石裂缝特征和黏土矿物等微观参数对 κ_s 的影响。

将钉状裂缝黏土岩石模型（方程（1-110））改写为

$$\left(\frac{k}{k_0}\right)^3 = 1 - \left[\frac{p_c - p_f}{(A/A_r)E}\right]^{1/n} + \frac{p_f}{E_c}\frac{L_{ci}}{L_i}\frac{L_i}{w_0} \tag{1-112}$$

正如方程（1-100）的处理方法一样，将方程（1-112）中的 L_{ci}/L_i 和 L_i/w_0 分别近似等于黏土矿物含量 F_c 的 1/3 次方和孔隙度 ϕ 的 1/3 次方；同时，当裂缝面接触之后，主要是岩石骨架颗粒承受应力，那么有

$$\left(\frac{k}{k_0}\right)^3 = 1 - \left[\frac{p_c - p_f}{(A/A_r)E_r}\right]^{1/n} + \frac{p_f}{E_c}F_c^{1/3}(1-\phi)^{1/3} \tag{1-113}$$

令岩石的骨架弹性模型与黏土矿物的弹性模量之比为 γ，即 $E_r/E_c = \gamma$，同时假设岩石的弹性模量 $E_r = 40\text{GPa}$，那么方程（1-113）进一步表示为

$$\left[\frac{k}{k_0}\right]^3 = 1 - \left[\frac{p_c - p_f}{(A/A_r)E_r}\right]^{1/n} + \frac{p_f\gamma}{E_r}F_c^{1/3}(1-\phi)^{1/3} \tag{1-114}$$

于是，下面探讨黏土矿物含量 F_c、孔隙度 ϕ、裂缝接触面积之比 R_A（$R_A = A/A_r$）、γ 和裂缝面粗糙相关系数 n 对有效应力系数 κ_s 的影响。

方程（1-114）中无因次渗透率 k/k_0 分别选取为 1.0、0.5、0.1、0.05、0.01、0.005、0.001 和 0.0005，那么所有等值线图中均为无因次渗透率等值线，并把对应的无因次渗透率等值线依次从下到上排列，即最下端等值线对应的无因次渗透率值最大，而最上端对应的无因次渗透率最小（如图 1-30 所示）。

首先，对比分析孔隙度对有效应力系数 κ_s 的影响。保持条件（$n=1.125$，$\gamma=1.0$，$A/A_r=0.1$，$F_c=0.05$）不变，改变孔隙度 ϕ 从 0.01、0.05、0.10 到 0.15。计算结果（图 1-30～图 1-33）表明，渗透率等值线都是直线，这与假设的理论模型满足弹性变形一致，那么对应的直线斜率即为 κ_s。图 1-30～图 1-33 所示条件下的岩石可视为单组分（$\gamma=1$）岩石，此时不同渗透率等值线对应的 κ_s 基本都等于 1，而且不随孔隙度的变化而变化，因此可忽略孔隙度对 κ_s 的影响。同时，还发现在低应力下，渗透率较大且容易随应力的变化而变化，而在高应力下渗透率的变化更难，这与低应力下应力敏感性强的观点一致。当 $\gamma=1$ 时，据其他条件得到的 κ_s 基本也

都等于 1，这与以往认为裂缝岩石的有效应力系数等于 1 的观点一致。为此下面的对比分析中将保持孔隙度 ϕ=0.05 不变。

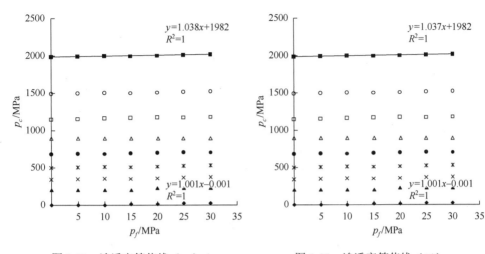

图 1-30 渗透率等值线（一）

（n=1.125，γ=1.0，A/A_r=0.1，F_c=0.05， ϕ=0.01）

图 1-31 渗透率等值线（二）

（n=1.125，γ=1.0，A/A_r=0.1，F_c=0.05， ϕ=0.05）

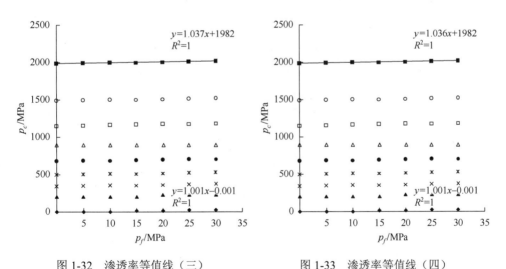

图 1-32 渗透率等值线（三）

（n=1.125，γ=1.0，A/A_r=0.1，F_c=0.05， ϕ=0.10）

图 1-33 渗透率等值线（四）

（n=1.125，γ=1.0，A/A_r=0.1，F_c=0.05， ϕ=0.15）

在前述基础上，保持条件（γ=1.0，A/A_r=0.1，F_c=0.05， ϕ=0.05）不变，逐渐增加 n（1.125、2、5 和 10）。结果为图 1-31、图 1-34～图 1-37。表明随 n 的增加，渗透率等值线间的距离越来越近，改变相同渗透率对应的应力变化量也越来越小；

n 值对 κ_s 的影响不大，这与孔隙度对 κ_s 的影响一样。

然而，当改变条件为（$\gamma=50.0$，$A/A_r=0.1$，$F_c=0.40$，$\phi=0.05$）时，黏土矿物较多且容易变形，得到与之前不一样的结果（图1-38～图1-40）。当 n 从 1.125 增大到 2 时，等值线的斜率在渗透率最小时增加，κ_s 的变化范围也增加；而 n 从 2 增加到 10 时，相同等值线对应的应力变化范围变得更小，κ_s 的变化范围也减小；κ_s 表现出了明显的非线性特征。同时，发现对应的渗透率等值线（图1-37）与 Bernabé 推测的渗透率等值线（图1-1）不一样，且 κ_s 出现了大于 1 的情况。

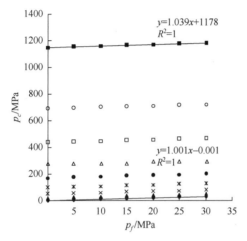

图 1-34　渗透率等值线（五）

（$n=2$，$\gamma=1.0$，$A/A_r=0.1$，$F_c=0.05$，$\phi=0.05$）

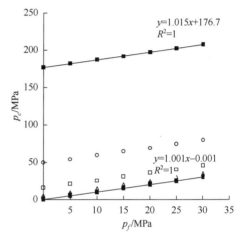

图 1-35　渗透率等值线（六）

（$n=5$，$\gamma=1.0$，$A/A_r=0.1$，$F_c=0.05$，$\phi=0.05$）

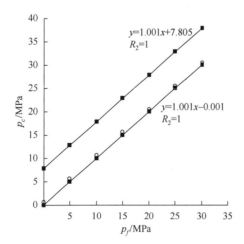

图 1-36　渗透率等值线（七）

（$n=10$，$\gamma=1.0$，$A/A_r=0.1$，$F_c=0.05$，$\phi=0.05$）

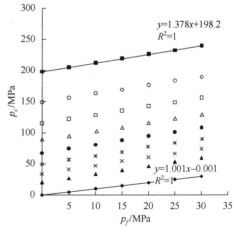

图 1-37　渗透率等值线（八）

（$n=1.125$，$\gamma=50.0$，$A/A_r=0.01$，$F_c=0.40$，$\phi=0.05$）

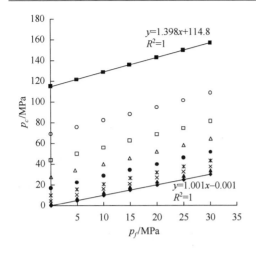

图 1-38　渗透率等值线（九）

（$n=2$，$\gamma=50.0$，$A/A_r=0.01$，$F_c=0.40$，$\phi=0.05$）

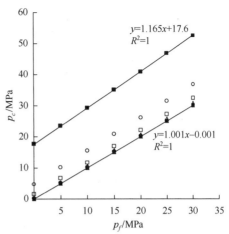

图 1-39　渗透率等值线（十）

（$n=5$，$\gamma=50.0$，$A/A_r=0.01$，$F_c=0.40$，$\phi=0.05$）

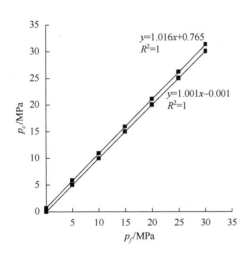

图 1-40　渗透率等值线（十一）

（$n=10$，$\gamma=50.0$，$A/A_r=0.01$，$F_c=0.40$，$\phi=0.05$）

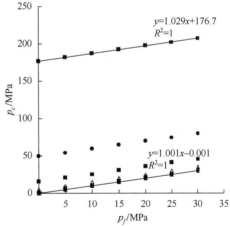

图 1-41　渗透率等值线（十二）

（$n=5$，$\gamma=1.0$，$A/A_r=0.1$，$F_c=0.40$，$\phi=0.05$）

　　为进一步分析黏土矿物的影响，在保持条件（$n=5$，$A/A_r=0.1$，$F_c=0.40$，$\phi=0.05$）不变的情况下，依次增加 γ（从 1、5、10、20 到 50），结果发现相同等值线对应的应力范围变化不大，然而较高围压下对应的等值线斜率（即 κ_s）逐渐在增加，κ_s 的变化范围随之增加（图 1-41～图 1-45）。在保持条件（$n=5$，$\gamma=50.0$，$A/A_r=0.1$，$\phi=0.05$）不变时，依次增加黏土矿物含量 F_c（从 0.05、0.10、0.20 到 0.30），结果

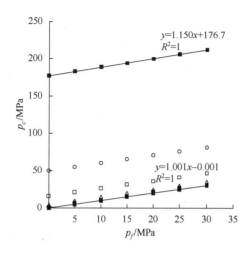

图 1-42　渗透率等值线（十三）

（$n=5$，$\gamma=5.0$，$A/A_r=0.1$，$F_c=0.40$，$\phi=0.05$）

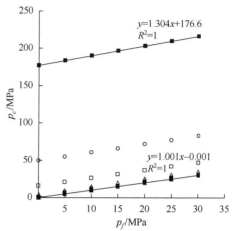

图 1-43　渗透率等值线（十四）

（$n=5$，$\gamma=10.0$，$A/A_r=0.1$，$F_c=0.40$，$\phi=0.05$）

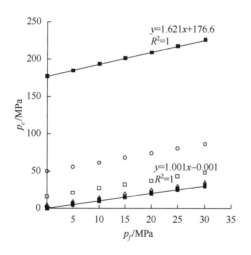

图 1-44　渗透率等值线（十五）

（$n=5$，$\gamma=20.0$，$A/A_r=0.1$，$F_c=0.40$，$\phi=0.05$）

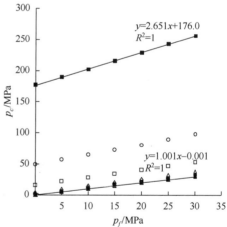

图 1-45　渗透率等值线（十六）

（$n=5$，$\gamma=50.0$，$A/A_r=0.1$，$F_c=0.40$，$\phi=0.05$）

发现黏土矿物含量的增加并不影响相同等值线对应的应力范围；而随黏土矿物含量的增加和渗透率的降低，相同等值线对应的斜率逐渐在增加，κ_s 的变化范围也随之增加（图 1-45～图 1-49）。

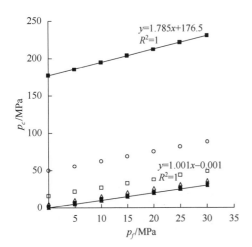

图 1-46　渗透率等值线（十七）

（n=5，γ=50.0，A/A_r=0.1，F_c=0.05，ϕ=0.05）

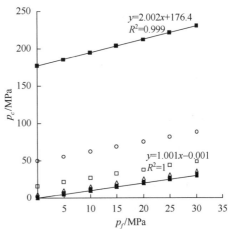

图 1-47　渗透率等值线（十八）

（n=5，γ=50.0，A/A_r=0.1，F_c=0.10，ϕ=0.05）

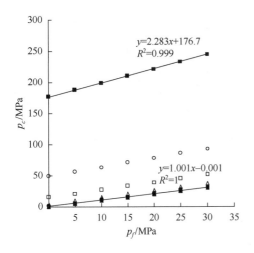

图 1-48　渗透率等值线（十九）

（n=5，γ=50.0，A/A_r=0.1，F_c=0.20，ϕ=0.05）

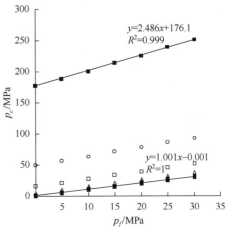

图 1-49　渗透率等值线（二十）

（n=5，γ=50.0，A/A_r=0.1，F_c=0.30，ϕ=0.05）

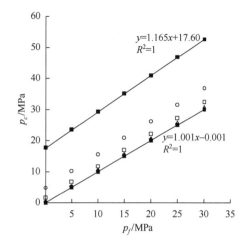

图 1-50　渗透率等值线（二十一）

（$n=5$，$\gamma=50.0$，$A/A_r=0.01$，$F_c=0.40$，$\phi=0.05$）

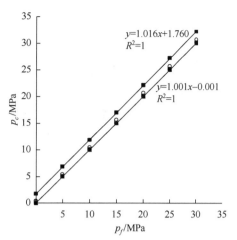

图 1-51　渗透率等值线（二十二）

（$n=5$，$\gamma=50.0$，$A/A_r=0.001$，$F_c=0.40$，$\phi=0.05$）

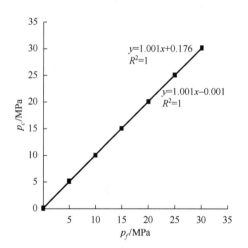

图 1-52　渗透率等值线（二十三）

（$n=5$，$\gamma=50.0$，$A/A_r=0.0001$，$F_c=0.40$，$\phi=0.05$）

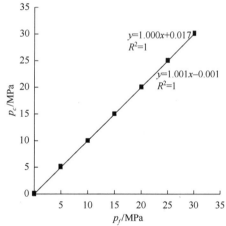

图 1-53　渗透率等值线（二十四）

（$n=5$，$\gamma=50.0$，$A/A_r=0.00001$，$F_c=0.40$，$\phi=0.05$）

最后，保持条件（$n=5$，$\gamma=50.0$，$F_c=0.40$，$\phi=0.05$）不变，逐渐降低 A/A_r（从 0.1、0.01、0.001、0.0001 到 0.00001）。结果发现随着接触面积的减少，相同等值线对应的应力变化范围减小，渗透率等值线间的距离也逐渐减小，这说明相同应力的变化对渗透率的影响随之逐渐增加，同时，κ_s 的变化范围随之减小，且趋近于 1（图 1-45、图 1-50～图 1-53）。因此，裂缝接触面的减少将弱化黏土矿物对有效应力系数的影响。

　　根据上面的对比分析可以发现，裂缝孔隙度对有效应力系数 κ_s 的影响可以忽略；黏土矿物的性质（弹性模量和含量）、裂缝面粗糙相关系数和裂缝面接触面积都会影响 κ_s 的非线性特征。如果岩石的弹性模量保持不变，随黏土矿物弹性模量的减小，黏土矿物含量的增加，κ_s 的变化范围可能会增大，非线性特征越来越明显，且会出现大于 1 的值。裂缝接触面积的降低将弱化 κ_s 的非线性特征，随着接触面积的减少，裂缝开度分别受围压和孔隙流体压力的作用效果越接近，因此 κ_s 就越趋近于 1。同时，还发现在低围压和孔隙流体压力作用下，有效应力系数始终都接近 1。

　　然而，当黏土矿物对 κ_s 影响显著时（图 1-29～图 1-32），随 n 的增加，κ_s 的变化范围先是增大，而后又减小。为解释这种现象，先回顾 n 与裂缝面上微凸体的分布函数间的关系。Gangi 给出了微凸体乘幂函数与 n（$n>1$）之间的关系（图 1-54）。x 表示微凸体（钉状体）与裂缝面间的距离（$w_0=x+l$，l 表示微凸体高度），$N(x)$ 和 I_0 分别表示长度为 l 的微凸体及其数量。当 $N(x)/I_0=0.5$ 时，随着 n 的增加，有 50%的钉状体较短；当 $x/w_0=0.5$ 时，随着 n 的增加，$x/w_0=0.5$ 对应的钉状体百分比减少。因此，随着 n 的增加，裂缝面上将以较短钉状体为主，有少量的长钉状体，裂缝在应力变化下容易变形；当 n 接近 1 时，裂缝面上长短微凸体基本上相当，此时裂缝面表现为被抛光的特征，在有效应力作用下极易闭合；而当 $n=2$ 时，裂缝面各种高度的微凸体所占百分比基本相当，此时裂缝在应力作用下相对更加稳定。因此，就很容易理解 n 对有效应力系数 κ_s 的影响特征。

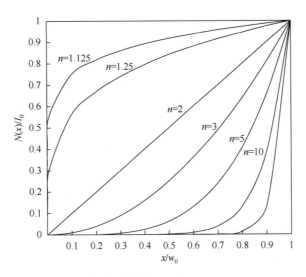

图 1-54　微凸体乘幂分布函数（Gangi，1978）

　　与此同时，黏土矿物有影响时的渗透率等值线（图 1-55）不同于 Bernabé绘制的渗透率等值线（图 1-1）。Bernabé 绘制的等值线在围压和孔隙流体压力接近时，等值线斜率为最大值，且等于 1（即 $\kappa_{smax}=1$）；随着围压的增加，等值线对应的渗透率值降低，对应的等值线斜率逐渐减小，甚至在高围压、低孔隙流体压力下将形成向上弯曲的曲线，即对应的有效应力系数减小，并达到最小值。然而，在黏土矿物影响下，保持孔隙流体压力不变，随围压的增加，等值线对应的渗透率逐渐降低，对应的等值线斜率却逐渐增加，即有效应力系数增大。其原因是在弹性变形范围内，随围压的增大，裂缝逐渐闭合而变得更加稳定，但孔隙流体压力对黏土矿物的影响不变，那么相同的黏土矿物变形将对渗透率产生更加显著的影响，表现出更大的有效应力系数。

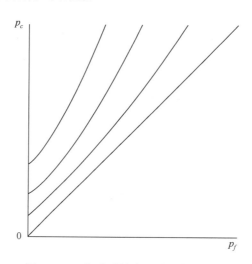

图 1-55　双组分裂缝岩石渗透率等值线

　　Bernabé 推测的渗透率等值线是基于花岗岩的实验建立的，花岗岩的骨架可视为一个组分，因此 Bernabé推测的渗透率等值线适于表征单组分裂缝岩石，不适于表征双组分裂缝岩石。双组分裂缝岩石的渗透率等值线如图 1-55 所示，如果渗透率等值线不是直线，那么可绘制成如图 1-55 所示的曲线。

　　不管是黏土矿物钉状裂缝模型还是黏土矿物椭圆裂缝模型，当围压和孔隙流体压力变化时，裂缝性质参数（接触面积和粗糙系数）或者椭圆喉道的纵横比将发生改变，有效应力系数都可能表现出非线性特征，且出现大于 1 的值。黏土矿物性质参数（弹性模量、黏土矿物含量）和裂缝性质参数（裂缝粗糙度、接触面积、纵横比）都会影响含黏土矿物裂缝岩石的非线性性质。黏土矿物与岩石间的弹性性质差异越大，通过控制相应的裂缝性质参数，岩石可能表现出越明显的非线性特征，不过此时的有效应力系数也通常会大于 1。只是两个模型裂缝特征参数的影响规律不一致，例如，裂缝特征越明显，即黏土矿物钉状裂缝模型中裂缝面粗糙相关系数越小、接触面积越小或者黏土矿物椭圆模型中纵横比越小，黏土矿物钉状裂缝模型中有效应力系数就越小，而在黏土矿物椭圆裂缝模型中却是有效应力系数越大，这与椭圆模型中内边界长半轴长度有关。

对于含黏土矿物的裂缝岩石，随裂缝粗糙相关系数和接触面积或者纵横比的减小，岩石裂缝特征就越明显，裂缝随围压的变化就越来越容易，孔隙流体压力对裂缝的相对影响作用就将变弱，直到与围压对裂缝的影响一样，那么对应的渗透率等值线斜率也将减小至 1。因此，图 1-55 所示的渗透率等值线图适合于表征双组分裂缝岩石。当黏土矿物的性质与岩石骨架性质一样时，裂缝渗透率随围压和孔隙流体压力的变化就符合 Bernabé 推测的渗透率等值线图（图 1-1）。至此，本章讨论了黏土矿物与孔隙类型（孔隙或者裂缝）组合下有效应力的变化特征，孔隙与裂缝组合对有效应力的影响在此之前也已经被讨论过（见附录 A3 双组分孔隙模型）。

1.4　岩石变形响应特征

随着岩石应力状态的变化（改变围压或孔隙流体压力），岩石本身也将发生变形并引起孔隙结构改变。然而，改变围压或孔隙流体压力对岩石变形和孔隙结构改变的影响程度是不同的，对岩石渗透率变化的影响程度也不相同，根据有效应力系数的含义可知，对应的有效应力系数值也不相同。再者，渗透率有效应力系数 κ_s 与岩石孔隙体积形变系数 $\kappa_{C_{pp}}$ 具有一致性。因此，κ_s 不仅可以反映岩石的孔隙结构变化，而且还可以反映不同岩石在不同应力状态下的变形特征，于是称渗透率有效应力系数为岩石变形响应特征参数。

基于黏土矿物椭圆裂缝模型和黏土矿物钉状裂缝模型计算的 κ_s 结果表明，裂缝岩石中黏土矿物作用显著（容易变形和黏土矿物含量较多，岩石可视为双组分）时，裂缝将表现出非线性特征，有效应力系数大于 1 且随应力的变化而变化，裂缝作用效果越明显，有效应力系数就越接近 1。黏土矿物作用不显著时（不含黏土矿物或者黏土矿物不易变形，岩石可视为单组分），此时裂缝岩石将表现出非线性特征，有效应力系数随应力的变化而变化，且不超过 1，这与以往单组分裂缝岩石的研究结果一致。根据孔隙性岩石的研究表明，当其中不含黏土矿物或者黏土矿物不易变形（岩石可视为单组分）时，有效应力系数是常数；当黏土矿物作用显著时，有效应力系数为大于 1 的常数，孔隙性岩石都表现为线性特征。因此，单组分岩石 κ_s 小于 1，双组分岩石（含黏土矿物或则易于压缩组分）κ_s 大于 1；孔隙性岩石 κ_s 为常数，裂缝性岩石 κ_s 是压力的函数。

于是，有效应力系数 κ_s 与岩石变形特征间的关系如下：在压力变化下，当 κ_s 为小于 1 的常数时，岩石响应岩石骨架的变形（图 1-56（a）），表现为不含黏土矿物孔隙性岩石的特征；当 κ_s 为大于 1 的常数时，岩石响应岩石骨架和黏土矿物的变形，且黏土矿物变形更加显著（图 1-56（c）），表现为含黏土矿物孔隙性岩石的特征；当 κ_s 小于 1 且随应力变化而变化时，岩石响应岩石裂缝的变形（图 1-56（b）），表现为不含黏土矿物裂缝岩石的特征；当 κ_s 大于 1 且随应力变化而变化，岩石响应黏土矿物和裂缝的变形（图 1-56（d）），此时裂缝变形显著增加，κ_s 将减小，表现为含黏土矿物裂缝性岩石的特征。有效应力系数 κ_s 的大小和变化特征响应了岩石的变形特征，这为诊断岩石变形特征提供了新的依据。

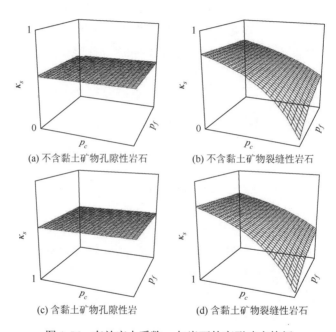

图 1-56 有效应力系数 κ_s 与岩石的变形响应特征

1.5 本 章 小 结

本章从有效应力的概念出发，讨论了不同有效应力系数的计算方法，给出了有效应力系数的一般计算式。基于线弹性理论、岩石组成和孔隙特征，分别推导了不同类型的渗透率有效应力计算模型，分析了不同类型的岩石有效应力系数的变化特征，得出孔隙类型、黏土矿物会影响有效应力的变化特征。与此同时，本章提出了诊断岩石变形的方法。

第 2 章　渗透率有效应力孔隙网络模拟

　　岩石内部孔隙结构十分复杂，采用一般的手段难以清晰地描述其结构形态和孔隙分布，为了直观地分析和描述岩石孔隙空间的非均质性和复杂程度，常利用网络模拟对其进行研究。进行网络模拟时，将孔隙空间划分为孔隙和喉道是分析岩石孔隙结构的基本前提，其中，喉道的大小、分布以及几何形状是影响岩石储集能力和渗流特征的主要因素。因此，本章在描述岩石孔隙结构的基础上，采用网络模拟分析研究不同岩石结构下渗透率随有效应力变化的规律。

2.1　孔隙网络模拟研究进展

　　孔隙结构，即岩石所具有的孔隙和喉道的几何形状、大小、分布及其相互之间的关系，决定着岩石的物理性质及其相互之间的关系，同时也控制着岩石的物理性质参数随压力的变化规律。因此，获取孔隙结构对岩石物理性质的影响规律的关键在于研究孔隙和喉道（罗哲潭，1986）。

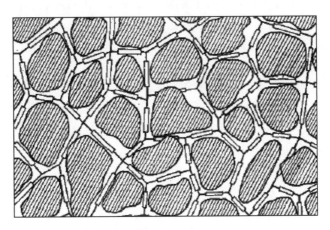

图 2-1　非固结多孔介质孔隙空间与电阻网络的相似性（Rink et al.，1968）

　　如图 2-1 所示，由岩石颗粒包围的较大空间称为孔隙，而仅仅在两个颗粒间连通的狭窄部分则为喉道（也可理解为两个较大孔隙空间之间的收缩部分）。将孔隙视为节点，喉道视为节点间的连线，那么岩石的孔隙空间网络与电路分析中的电阻网络相似。基于这种相似性，Fatt（1956a；1956b）于 1956 年建立了孔隙网络模型。该模型忽略了节点体积，假设喉道为圆柱形管（喉道截面均为圆形），进而模拟岩石，计算了渗透率、毛细管压力和相对渗透率，并发现了毛细管压力滞后和凹形的相对渗透率曲线，从此开启了孔隙网络模拟在多孔介质中的研究。国内外研究者将孔隙网络模型从二维拓展到三维、从单相流发展到多相流、从单纯的微观模拟提升到与宏观模型相结合，从而在多孔介质渗透率、电阻、声波、孔隙度、相对渗透率等及其相互之间的关系等方面取得了丰富的成果。

孔隙网络模型主要包含两类：规则孔隙网络模型和直接映射网络模型（或者基于孔隙空间成像的网络模型）。随着微观成像计算的发展，直接映射网络模型越来越受到研究者的青睐。直接映射网络模型的生成方法有物理实验方法和数值重建方法两种。物理实验方法主要有序列成像法（Vogel et al.，2001）、共聚焦扫描法（Fredrich，1993）和 CT 扫描法（Dunsmuir et al.，1991），这些方法都需借助高精度设备以获取岩心的平面图像，然后在处理平面图像的基础上得到三维数字岩心。数值重建方法中较经典的有高斯模拟法（Adler et al.，1990）、模拟退火法（Hazlett，1997）、多点统计法（Okabe et al.，2004）、马尔科夫随机重建法（Wu，et al.，2006）和过程模拟法（Pillotti，2000），这些方法通常都是以薄片图像为基础，依据不同的统计方法或者模拟岩石的形成过程来建立三维数字岩心。物理实验方法受设备分辨率的影响较大，目前识别与合理划分孔隙和喉道仍是需要解决的关键问题（赵秀才，2009）。数值重建方法中，除了过程模拟法，其他方法都假设岩石满足各项同性；而过程模拟法不能模拟复杂孔隙系统的成岩过程，这与真实岩心的各向异性和复杂性相冲突。无论如何，由这些方法建立的数字岩心都是对真实岩心孔隙空间的一种直观等价，只是为了得到代表真实孔隙空间的网络模型，同时还需借助中轴线法（赵秀才，2009）、最大球体法（Dong，2009）等对数字岩心进行处理，从而得到可用数学描述且能用计算机算法进行求解的网络模型。因而，其涉及的算法处理和计算机技术将对直接映射网络模型产生重要的影响。

相比较而言，规则孔隙网络模型不再依据岩石孔隙空间的直观数据，这使得该方法失去了对岩石复杂孔隙空间的真实再现。然而，规则网络模型构建简单、计算速度快，也能包括孔隙空间的孔隙和喉道两个关键参数，因此这种方法得到了迅速发展和广泛应用。尤其是规则孔隙网络模型与逾渗理论结合之后（Bernabé et al.，2010；Bernabé，1995；唐雁冰，2012），逾渗理论的发展使规则孔隙网络模型得到了进一步提高，更重要的是实现了向拟规则孔隙网络模型的转变，该方法在处理孔隙、喉道及其相互之间的关系时也更加方便。

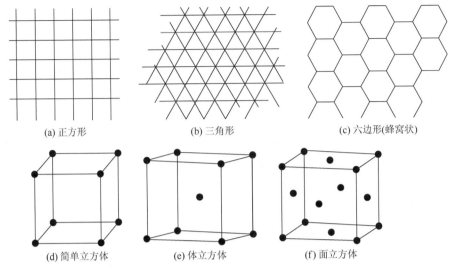

(a) 正方形　　　　　　　(b) 三角形　　　　　　　(c) 六边形(蜂窝状)

(d) 简单立方体　　　　　(e) 体立方体　　　　　　(f) 面立方体

图 2-2　规则网络模型的不同网格单元（罗哲潭，1986；Bernabé et al.，2010）

　　基于不同的网格单元（图 2-2），目前已经建立了典型的二维正方形、三角形和六边形网络模型，以及三维简单立方体、体立方体和面立方体网络模型。节点代表孔隙，节点间连线代表喉道。根据典型的孔隙和喉道形状，孔隙一般假设为球体，而典型的喉道截面形状可表征为圆形、椭圆形、锥形、星形等，从而建立对应的喉道管束（图 2-3～图 2-9）。这些喉道截面形状来源于真实的岩石喉道空间，因而能代表真实岩心的喉道特征并控制岩石的流动性质。在构建规则孔隙网络模型中，按照一定分布函数设定孔隙大小、喉道大小及其相互之间的关系，进而可以实现孔隙空间的非均匀性，建立起与岩石一样复杂的孔隙网络模型。

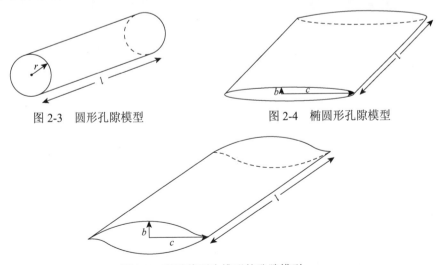

图 2-3　圆形孔隙模型　　　　　　　　　　图 2-4　椭圆形孔隙模型

图 2-5　喉道截面为锥形的孔隙模型

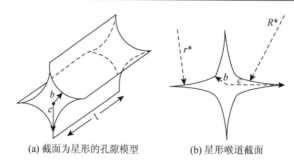

(a) 截面为星形的孔隙模型   (b) 星形喉道截面

图 2-6   喉道截面为星形的孔隙模型

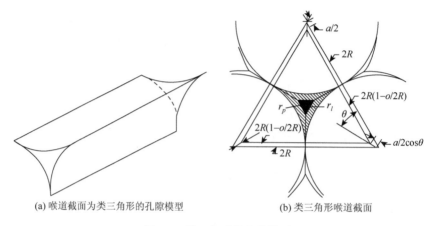

(a) 喉道截面为类三角形的孔隙模型   (b) 类三角形喉道截面

图 2-7   类三角形的孔隙模型

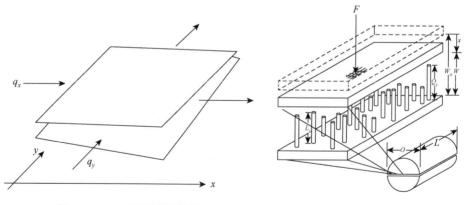

图 2-8   Walsh 平板裂缝模型   图 2-9   Gangi 钉状裂缝模型

    国内外学者研究和发展了规则孔隙网络模型，成功地模拟了岩石的渗透率（Bernabé et al.，2010）、电阻率和声波等特征，验证了著名的渗透率计算公式 Kozeny-

Carman 模型、Johnson-Schwartz 模型和 Katz-Thompson 模型（Bernabé，1995），探讨了著名的阿尔奇公式（唐雁冰，2012），揭示了不同致密岩石中渗透率与滑脱系数间的关系（刘庆杰等，2001），发展了逾渗理论中的普适关系（Bernabé et al.，2010）；在两相和多相流模拟方面，得到了润湿性对微观剩余油分布的影响（胡雪涛等，2000），建立了流体流动过程中毛细管压力和相对渗透率的数学模型（阮敏等，2002）等。上述研究帮助大家认识了孔隙、喉道及其大小分布规律对岩石流动特性的影响，为微观解释岩石的宏观属性提供了有效的手段。

尽管如此，现有的孔隙网络模型基本上都是基于圆形管束喉道模型研究岩石的性质，很少考虑压力变化过程中岩石流动性质的变化规律。随着孔隙空间模型的不断发展，Seeburger 和 Nur（1984）分别用椭圆形管束和锥形管束建立了二维的三角形、正方形和六边形网络模型，模拟了岩石渗透率和体积模量随围压的变化关系，发现了与实验研究一样的规律，即相对高渗岩石，低渗岩石的渗透率敏感性更强。Yale（1984）提出了星形管束模型，并在利用圆形管束模型、椭圆形管束模型和锥形管束模型的基础上分别建立了三维简单立方体网络模型，据此，同时模拟了渗透率、孔隙度、传导率参数随围压的变化关系，结果发现渗透率的应力敏感性直接与控制喉道形状的纵横比有关，且进行多参数的模拟也加深了对岩石性质的认识。之后，Bernabé（1995）基于对岩石薄片的观察分析，提出了"圆形管束+裂缝+球体"（图 2-10）的孔隙模型，该模型避免了以往模拟中只单一使用一种孔隙模型的缺点。然而，他忽略了围压对裂缝的影响，仅考虑了球体和圆形管束随围压的变化，进而模拟得到了新的渗透率、地层因子和水力半径之间的关系。

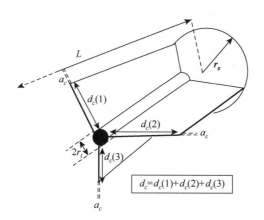

图 2-10　Bernabé 的孔隙模型

由此可见，现有的规则网络模拟模型都没有考虑多种孔隙类型模型的组合，即喉道截面具有不同形状和不同纵横比（喉道截面短半轴与长半轴的比值），甚至是还组合有裂缝模型（如 Walsh 裂缝模型和 Gangi 裂缝模型），而这些对岩石的流动特征具有重要的影响。

2.2　孔隙网络模拟基础

2.2.1　逾渗理论

网络模拟作为描述岩石高度复杂结构空间的手段，必须建立在一定的理论基础上。而逾渗理论作为模拟的基础，必须满足该理论才能正确地进行网络模拟分析。逾渗理论与概率论和拓扑结构相关，用于描述众多独立个体相互连接而形成组合体的新生特性；通过该理论能够经认识局部而获取总体的特性（Staurffer，2003；Hunt，2009；Sahimi，1993）。再者，Jerauld 等（1984a；1984b）结合逾渗理论研究发现，只要规则孔隙网络模型的连通性等于不规则或者无序网络的平均连通性，这两个网络模型在宏观上的实际意义相同。因此，结合逾渗理论的网络模型能够用于研究岩石的宏观属性（渗透率）。

逾渗包括三种基本的类型：键逾渗、点逾渗和连续逾渗。点逾渗和键逾渗分别如图 2-11 和图 2-12 所示。逾渗理论中最关键的参数是连通概率 p。例如，点逾渗中金属球所占的百分数（图 2-11 中黑色球为金属球，具有传输性；白色球无传输性）。特别需要强调的是连通概率临界参数 $p_{critical}$，即保证点逾渗模型能够发生逾渗时金属球的百分数，也被称为逾渗阈值。本书忽略了节点孔隙体积的影响，因而选择的是键逾渗，即表征节点与节点间连线形成的网络（图 2-12）。

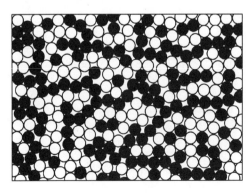

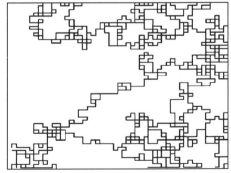

图 2-11　点逾渗　　　　　　　　　　　　　　图 2-12　键逾渗

该网络模型是结合逾渗理论的孔隙网络模型，也称为逾渗孔隙网络模型。该模型主要特点是在孔隙网络构建时，模型孔隙结构特征参数（主要是喉道）的形成和分配完全是一个随机过程，也即构建孔隙网络模型时，喉道形状、大小、连通性及其分布采用随机算法分配。这样建立的模型在运行时，只要设定相同的孔隙结构参数，尽管每次生成的模型不完全相同，但是其宏观流动特征不会发生太大变化，岩石表现出稳定的流动性质（例如，上百次模拟的渗透率值基本上相等）。同时，构建的网络模型节点数也必须达到一定的数量，这正如概率统计中，只有当样本达到一定要求时，统计结论才是可靠的。Tsakiroglou 和 Fleury（1999）研究指出，三维孔隙网络模型的节点个数至少应该是 20×20×20；如果计算机运算能力允许，模型越大就越能反映模拟岩石宏观属性的一般性。

2.2.2　水电相似原理和基尔霍夫定律

孔隙的网络空间可以用类似于电流电阻的网络来表示（图 2-1）。电流在电路中的流动满足欧姆定律（秦曾煌，2003），即有

$$I = \frac{1}{R}\Delta E \tag{2-1}$$

其中，I——电流，类似于流体力学中所讲的体积流量，A；

　　　R——电阻，Ω；

　　　ΔE——电阻两端的电压，V。

对于孔隙网络中的单根管束（假设是圆形管束），流体在层流条件下遵循泊肃叶定律（White，1991），那么有

$$q = \frac{\pi r^4}{8\mu l}\Delta p \tag{2-2}$$

其中，q——通过管束的流体体积流量，m^3/s；

　　　Δp——管束两端的压差，Pa；

　　　μ——流体的黏度，Pa·s；

　　　r——管束半径，m；

　　　l——管束长度，m。

改写方程（2-2），有

$$q = \frac{1}{R'}\Delta p \tag{2-3}$$

其中，$\dfrac{1}{R'} = \dfrac{\pi r^4}{8\mu l}$。

对比方程（2-1）与方程（2-3）可以看出，泊肃叶定律和欧姆定律都是描述压差（流压或者电压）、阻力（流动阻力或者电阻阻力）和流量（流体或者电流的体积流量）三者之间的关系。这种流动关系的相似性即为水电相似原理。

于是，求解孔隙网络模型的流动性质相关问题可借用现有描述电路传导特征的定律（秦曾煌，2003），即基尔霍夫定律第一定律和第二定律（图 2-13）。第一定律如下：在任一瞬间，一个节点上电流的代数和等于零，规定流出节点为正，流入节点为负。这即电流定律（KCL 定律）。第二定律如下：在任一瞬间，沿任一回路循行方向（顺时针或者逆时针方向），回路中各段电压的代数和等于零，规定电位降为正，电位升为负。这即电压定律（KVL 定律）。

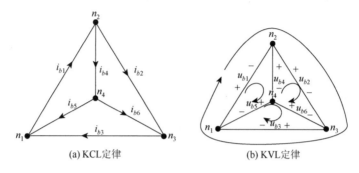

(a) KCL定律　　　　　　(b) KVL定律

图 2-13　简单的电路网络示意图

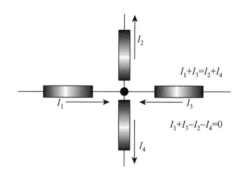

图 2-14　电流中任意节点 n_i（$\sum I = 0$）

根据基尔霍夫第一定律（图 2-14），电路中任一节点上的电流代数和都等于零，也即任一节点连接的所有电阻两端电压与电阻导电率（$1/R$）乘积的代数和等于零。对应在孔隙网络模型中，则为任一节点连接的所有管束两端压差与管束水力传导率（$1/R'$，对于圆形管束则为 $\pi r^4/(8\mu l)$）乘积的代数和等于零。孔隙管束的水力传导率与截面形状、大小及其分布相关。

2.2.3　孔隙模型及其流动方程

本节选取四种孔隙管束类型（即圆形管束模型、椭圆形管束模型、锥形管束模型和星形管束模型）和 Gangi 裂缝模型。假设流动都满足层流，且遵循泊肃叶定律，根据以往的研究得到四种管束模型和 Gangi 裂缝模型（图 2-9）对应的流动方程及其水力传导率计算公式分别如下。

（1）圆形管束。根据流动方程（2-2），得其对应的水力传导率 H 表示为

$$H = \frac{q}{\Delta p} = \frac{\pi r^4}{8\mu l} \tag{2-4}$$

并且，

$$r(p_{\text{eff}}) = r_0 \left[1 - \frac{2(1-v^2)}{E} p_{\text{eff}} \right] \tag{2-5}$$

其中，v——岩石的泊松比，MPa；

E——弹性模量，MPa。

（2）椭圆形管束。流动方程为

$$q = \frac{\pi b^3 c^3}{4\mu l(b^2 + c^2)} \Delta p \tag{2-6}$$

水力传导率为

$$H = \frac{q}{\Delta p} = \frac{b^4}{4\mu l \varepsilon} = \frac{c^4}{4\mu l} \varepsilon^3 \tag{2-7}$$

并且，

$$b(p_{\text{eff}}) = b_0 \left[1 - \frac{2(1-v^2)}{\varepsilon E} p_{\text{eff}} \right] \tag{2-8}$$

其中，纵横比 $\varepsilon = b/c$，表示椭圆截面短半轴与长半轴的比值。

（3）锥形管束。流动方程为

$$q = 0.685 \frac{\pi b^3 c^3}{(b^2 + c^2)\mu l} \Delta p \tag{2-9}$$

水力传导率为

$$H = \frac{q}{\Delta p} = 0.685 \frac{\pi b^3 c^3}{(b^2 + c^2)\mu l} = 0.685 \frac{\pi \varepsilon^3}{\mu l(1 + \varepsilon^2)} c^4 \tag{2-10}$$

并且，

$$c(p_{\text{eff}}) = c_0 \left[1 - \frac{4(1-v^2)}{3\varepsilon E} p_{\text{eff}} \right]^{1/2} \tag{2-11}$$

其中，纵横比 $\varepsilon = b/c$，表示锥形截面短半轴与长半轴的比值。

（4）星形管束。流动方程为

$$q = FT \frac{c^4}{\mu l} \Delta p \tag{2-12}$$

水力传导率为

$$H = \frac{q}{\Delta p} = F_T \frac{c^4}{\mu l} \qquad (2\text{-}13)$$

并且，

$$c(p_{\text{eff}}) = c_0 \left[1 - \left(\frac{3\sqrt{2}(1-v^2)p_{\text{eff}}}{4\varepsilon E} \right)^{1/3} \right] \qquad (2\text{-}14)$$

其中，F_T 表示单位长度、单位截面上的无因次水力传导率，可根据有限差分对截面上速度方程的积分得到。ε 为仅与截面形状相关的无因次量，ε 越小，星形中裂缝特征越明显（图 2-15）。

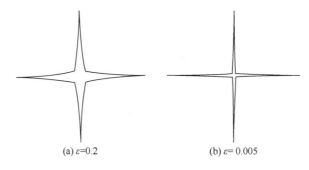

(a) ε=0.2　　　　　　　　　(b) ε= 0.005

图 2-15　不同 ε 对应的星形截面（Yale，1984）

（5）Gangi 裂缝模型（简称 "G 模型"）。流动方程为

$$q = \frac{w^3 D}{12\mu l} \Delta p \qquad (2\text{-}15)$$

水力传导率为

$$H = \frac{q}{\Delta p} = \frac{w^3 D}{12\mu l} \qquad (2\text{-}16)$$

并且，

$$w(p_{\text{eff}}) = w_0 \left[1 - \left(\frac{p_{\text{eff}}}{R_A E} \right)^m \right]^3 \qquad (2\text{-}17)$$

其中，w_0——裂缝在零应力状态下的开度；

$\qquad R_A$——裂缝接触面与裂缝总面积的比值；

$\qquad m$——粗糙系数，等于方程（1-110）中的 $1/n$。

2.3 孔隙网络模拟模型建立与求解

如前所述，常用网络模型主要有二维模型（三角形、正边形和六边形）和三维模型（简单立方体、面立方体和体立方体），不同网络模型决定其逾渗阈值。例如，基于键逾渗的简单立方体逾渗阈值是 0.2488，连通概率是 100%时的配位数是 6，这能真实反映沉积岩空间性质（Yuan，1981）（100×100×100 三维简单立方体模型如图 2-16 所示）。

图 2-16　三维简单立方体网络模型（100×100×100）

选择网络模型中任一节点（例如图 2-17 所示节点 o（i，j，z）），根据前面的分析可以得到该节点满足以下关系：

$$(p_{i,j,z} - p_{i+1,j,z})H_{(i\sim i+1,j,z)} + (p_{i,j,z} - p_{i-1,j,z})H_{(i\sim i-1,j,z)} + (p_{i,j,z} - p_{i,j+1,z})H_{(i,j\sim j+1,z)}$$
$$+ (p_{i,j,z} - p_{i,j-1,z})H_{(i,j\sim j-1,z)} + (p_{i,j,z} - p_{i,j,z+1})H_{(i,j,z\sim z+1)} + (p_{i,j,z} - p_{i,j,z-1})H_{(i,j,z\sim z-1)} = 0$$

$$(2-18)$$

式中，H——相邻节点间管束的水力传导率，不同形状管束的水力传导率计算公式见方程（2-4）、方程（2-7）、方程（2-10）、方程（2-13）和方程（2-16）。

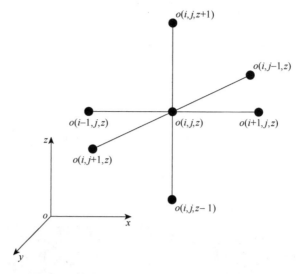

图 2-17　简单立方体网络模型中的一个节点单元

根据方程（2-18），可以得到简单立方体网络中每个节点压力和水力传导率的线性方程，进而可以获取整个网络的线性方程组，具体如下：

$$
\begin{cases}
(p_{1,1,1} - p_{2,1,1})H_{(1\sim2,1,1)} + (p_{1,1,1} - p_{0,1,1})H_{(1\sim0,1,1)} + (p_{1,1,1} - p_{1,2,1})H_{(1,1\sim2,1)} + (p_{1,1,1} - p_{1,0,1})H_{(1,1\sim0,1)} \\
+ (p_{1,1,1} - p_{1,1,2})H_{(1,1,1\sim2)} + (p_{1,1,1} - p_{1,1,0})H_{(1,1,1\sim0)} = 0 \\
(p_{2,1,1} - V_{3,1,1})H_{(2\sim3,1,1)} + (p_{2,1,1} - p_{1,1,1})H_{(2\sim1,1,1)} + (p_{2,1,1} - p_{2,2,1})H_{(2,1\sim2,1)} + (p_{2,1,1} - p_{2,0,1})H_{(2,1\sim0,1)} \\
+ (p_{2,1,1} - p_{2,1,2})H_{(2,1,1\sim2)} + (p_{2,1,1} - p_{2,1,0})H_{(2,1,1\sim0)} = 0 \\
\qquad\qquad\qquad\qquad\qquad\qquad \vdots \\
(p_{n,1,1} - p_{n+1,1,1})H_{(n\sim n+1,1,1)} + (p_{n,1,1} - p_{n-1,1,1})H_{(n\sim n-1,1,1)} + (p_{n,1,1} - V_{n,2,1})H_{(n,1\sim2,1)} + (p_{n,1,1} - p_{n,0,1})H_{(n,1\sim0,1)} \\
+ (p_{n,1,1} - p_{n,1,2})H_{(n,1,1\sim2)} + (p_{n,1,1} - p_{n,1,0})H_{(n,1,1\sim0)} = 0 \\
\qquad\qquad\qquad\qquad\qquad\qquad \vdots \\
(p_{i,j,z} - p_{i+1,j,z})H_{(i\sim i+1,j,z)} + (p_{i,j,z} - p_{i-1,j,z})H_{(i\sim i-1,j,z)} + (p_{i,j,z} - p_{i,j+1,z})H_{(i,j\sim j+1,z)} + (p_{i,j,z} - p_{i,j-1,z})H_{(i,j\sim j-1,z)} \\
+ (p_{i,j,z} - p_{i,j,z+1})H_{(i,j,z\sim z+1)} + (p_{i,j,z} - p_{i,j,z-1})H_{(i,j,z\sim z-1)} = 0
\end{cases}
$$

$$（2\text{-}19）$$

其中，i、j、z 的取值范围为 0～99。

建立的简单立方体网络模型的边界条件采用封闭边界（除了相同轴上入口端和出口端具有流量之外，其余四个面上的流量等于零）。即假设端面 $(0, j, z)$ 为入口端，端面 $(99, j, z)$ 为出口端，那么两个端面上的压力都是常数，入口端的压力高于出口端的压力，其余四个端面 $(i, 0, z)$、$(i, 99, z)$、$(i, j, 0)$、$(i, j, 99)$ 上的流量均为零。

该线性方程组的求解方法主要有直接法和迭代法两种（李允，1999），利用这两种方法得到的线性方程组的解应该是相同的。实际运算过程中，直接法的计算量随网格数的增加而直线上升，可能会因此而无法使用，同时，直接矩阵求解法得到的解的精度取决于所采用的计算机浮点运算精度，舍入误差可能累积增大，并最终影响解的精度，特别是在大型方程组的求解过程中，此问题更为明显。在网络模拟模型发展初期，研究者常选用 Cholesky 方法求解所建立的网络模型方程（罗哲潭，1986），该方法要求生成的矩阵满足正定矩阵的条件。

迭代法是求解线性方程组的另外一种方法，是一种不断用变量的旧值递推新值的过程。在迭代过程中，一个收敛系统每次迭代的误差都将减少，对应得到的解向量也越逼近正确解。即使迭代过程中某一步偶然出现了计算误差。在随后的迭代中也将自动校正，迭代法可避免截断误差和舍入误差。迭代过程中需要设定一个收敛标准，只要符合收敛标准，迭代就终止。同时，迭代法能进行大矩阵的运算，同时保证计算结果的精度。目前常见的迭代法有简单迭代法、超松弛迭代法、强隐式法和和预处理共轭梯度法等。超松弛迭代法的具体求解步骤如下。

（1）给网络模型中的每个节点赋初值。因为最终的解与这个初值无关，所以这个初值可以任意给定。对所建立的简单立方体网络模型，假设沿 x 正方向为流体流动方向，最左边平面为入口端，平面上所有节点压力相等且为 p_1，最右边平面为出口端，平面上所有节点的压力相等且为 p_2（$p_1 > p_2$），其余四个表面的流量均为零。

（2）根据方程（2-18）可建立起如下各节点之间压力的迭代关系：

$$p_{i,j,z}^{n+1} = p_{i,j,z}^{n}$$
$$+ e\left(\frac{p_{i+1,j,z}^{n}H_{(i\sim i+1,j,z)} + p_{i-1,j,z}^{n+1}H_{(i\sim i-1,j,z)} + p_{i,j+1,z}^{n}H_{(i,j\sim j+1,z)} + p_{i,j-1,z}^{n+1}H_{(i,j\sim j-1,z)} + p_{i,j,z+1}^{n}H_{(i,j,z\sim z+1)} + p_{i,j,z-1}^{n+1}H_{(i,j,z\sim z-1)}}{H_{(i\sim i+1,j,z)} + H_{(i\sim i-1,j,z)} + H_{(i,j\sim j+1,z)} + H_{(i,j-j-1,z)} + H_{(i,j,z\sim z+1)} + H_{(i,j,z\sim z-1)}} - p_{i,j,z}^{n}\right)$$

$$(2\text{-}20)$$

其中，e——松弛因子，取值范围为 1～2。

松弛因子对运算具有重要的影响。如果去掉松弛因子，迭代次数可能增加 50～500 倍；当松弛因子小于最佳值的 10% 时，迭代时间将增加 4～10 倍，甚至更多；当超松弛因子远大于最佳值时，可能导致模型不收敛。尽管 Young（1911）提出了确定最佳超松弛的方法，然而他还是认为试算法是寻找最佳超松弛因子最快的方法。根据 Yale（1984）的研究结果，e 的取值范围为 1.7～2，并由此确定最佳超松弛因子。迭代过程中，将临近节点刚完成的计算结果带入到接下来的运算中，这样将使得收敛速度进一步加快。

（3）每次迭代结束后，计算网络模型中流入流量和流出流量的大小，当流入流量和流出流量大小相等或者满足设定误差精度（设定的误差精度小于 10^{-6}）时，迭代就结束。然后，根据得到的流入、流出流量，计算建立网络模型的水力传导率，于是便可计算所建网络模型的渗透率等流动参数，进而分析孔隙结构特征参数对所建网络模型渗透率及其与有效应力之间的关系的影响规律。

2.4　孔隙网络模型模拟

下面所介绍的孔隙网络模型是建立在笛卡尔坐标系下的，对应的模拟程序在 QT 平台上采用 C/C++语言编写，同时使用 QWT 实现模拟图形的可视化。程序中定义了网格大小、模型大小、管束长度、管束形状、喉道半径分布规律及其分布区间，并设定为全局变量，模拟计算时各参数按给定的参数形式录入。随后，导入实验数据进行拟合分析。

2.4.1　网络模拟程序设计与编写

孔隙网络模型模拟程序设计了三个模块，网络模拟程序流程如图 2-18 所示。

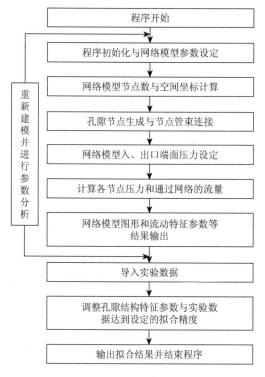

图 2-18　网络模拟程序流程图

（1）模型建立。首先初始化程序，设定网络模型的大小、连通概率 p、喉道大小及分布、喉道形状组合类型及喉道纵横比 ε 分布等孔隙结构参数，然后计算每个节点的空间坐标，从而生成节点之间的连通管束。

网络模型的大小和连通概率将影响模拟结果的稳定性（Tsakiroglou et al, 1999；

李闽，2009）。假设网格大小是 $100 \times 100 \times 100$，连通概率与配位数间存在相关关系，调整连通概率可实现与岩石平均配位数等价的网络模型。对于三维网络模型，配位数大于 1.8 就可保证模拟渗透率波动小于 1%（李闽，2009）。当连通概率小于 1 时，将有部分孔隙不能连通，这将使得所建立的网络方程系数对应的矩阵变成奇异矩阵，且求解变得比较复杂，此时可采用赋最小值的办法，将不连通的孔隙半径设定为很小值 c_0，例如，c_0 为最小孔隙半径 c_{min} 的 1/100000，同时也保证对应的渗透率与真实部分连通管束模型的渗透率相当，这样既提高了计算的效率，又保证了计算结果的有效性（Paterson，1983）。孔隙喉道大小和分布依据随机算法分配，以往研究表明，孔隙半径的分布具有较强的非对称性（Kirkpatrick，1971），因此选择归一化标准偏差 σ_r/c_H 下（即 0.05、0.30、0.55、0.80 和 1.05）的对数均匀分布和平均孔隙半径来控制孔隙的大小和分布——标准偏差越大，非均质性越强（表 2-1）。

表 2-1　σ_r、c_{max} 和 c_{min} 的取值（假设平均孔隙半径 c_H=40μm）

σ_r/c_H	$c_{max}/\mu m$	$c_{min}/\mu m$
0.05	43.4563	36.5437
0.30	59.2411	20.7589
0.55	70.1570	9.84301
0.80	76.0414	3.95856
1.05	78.6472	1.35281

注：归一化标准偏差 σ_r/c_H、最大孔隙半径 c_{max}、c_{min} 和 c_H 之间存在如下关系式：$c_H = \dfrac{c_{max} + c_{min}}{2}$、

$$\sigma_r / c_H = \sqrt{\frac{\ln\left(c_{max}\big/c_{min}\right)\left(c_{max} + c_{min}\right)}{2\left(c_{max} - c_{min}\right)} - 1}$$

　　四个管束模型（实际只有三个管束模型，因为圆形模型是椭圆模型纵横比等于 1 时的特殊情况）和 Gangi 裂缝模型分别对应的管束数量等于连通管束数量，各模型所对应管束数量占总连通管束数量的比例用百分数表示，总和等于 1（例如，设置模型有椭圆形、星形、锥形和 Gangi 裂缝模型，其对应管束的百分数分别为 20%、30%、30% 和 20%）。各模型中，按照三个数量等级设定纵横比参数 ε，各个数量等级对应管束的百分数总和为 1（例如椭圆模型，设置的纵横比为 1、0.1、0.01 和 0.001，其对应的管束数量的百分数分别为 20%、30%、30% 和 20%）。在 Gangi 裂缝模型中，用裂缝接触面与裂缝总面积的比值 R_A 和粗糙系数 m 的组合代替纵横比 ε。例如，椭圆模型中选择的是 100% 的纵横比为 0.05，与之相似的设置是：Gangi 裂缝模型中 100% 的 R_A 为 0.01，m 为 0.05。ε、R_A 和 m 的变化范围是 0~1。各模型管束数量所占百分数、纵横比的选择及其对应管束所占百分数或者裂缝面参数（R_A，m）及其对应管束所占百分数，根据参数分析和模拟拟合需要都是

可以改变的。一旦确定了设定的模型类型及其对应管束所占百分数和对应的孔隙结构参数及其对应管束的百分数，便可随机分布在各个连通管束中，从而实现孔隙类型和孔隙参数（纵横比和裂缝参数）在网络模型中的非均匀性。

（2）模型模拟。在网络模型两端设定某压差，求解网络模型中各节点上压力的大小并计算通过网络模型的流体流量（入口端和出口端的流量相对误差小于 10^{-6} 时结束迭代过程），然后计算网络模型的渗透率及其随压力的变化关系曲线，调整模型中的孔隙类型组合及其孔隙参数，对比分析孔隙类型的组合方式和孔隙参数对网络模型渗流特征的影响。

（3）模型拟合。导入实验数据，依据模型模拟阶段获取的结果调整孔隙类型组合和孔隙参数，直到拟合上实验数据。对比分析不同岩石的有效应力及其与渗透率之间的关系对应下的孔隙类型组合和孔隙参数，认识不同孔隙类型组合和孔隙参数下的渗透率随有效应力的变化规律。

根据设计的思路，可实现三维简单立方体孔隙网络模拟程序的编写，该程序还可以延伸到三维体立方体和面立方体孔隙网络模型，以及退化为二维孔隙网络模型。

2.4.2　模拟方案和模拟结果

1. 有效应力影响下的孔隙网络模拟

采用上面所编写的运算程序，通过大量的管束模拟运算研究发现，在连通概率增加和相同标准偏差下，平均水力半径的增加使得渗透率不断增加，而对无因次渗透率与有效应力的变化关系曲线没有影响。然而，此前的研究主要针对单一管束模型得出研究结论，所以有必要在考虑应力敏感性的单一孔隙网络模型的基础上，设计不同孔隙的混合网络模型（孔隙模型间或其与 Gangi 模型的组合和不同孔隙参数的组合），进行无因次渗透率与有效应力的变化关系曲线的模拟和对比分析。因而，本书设计了以下几种模拟方案，模拟方案中设定连通概率 100%、平均孔隙半径 c_H=40μm 和孔隙长度 l=300μm。

（1）基于三种管束模型的孔隙网络模拟方案和结果。孔隙半径 c_0（大小和分布，也即是喉道半径）的选取见表 2-1，孔隙形状类型与纵横比的选取见表 2-2。因有三种孔隙形状，所以选择了六个纵横比（包含三个数量级）进行网络模拟参数分析。

表 2-2　喉道截面形状与纵横比

孔隙形状	纵横比 ε					
	1	0.5	0.1	0.05	0.01	0.005
椭圆形	√	√	√	√	√	√
锥形	√	√	√	√	√	√
星形	√	√	√	√	√	√

　　首先，在每类孔隙模型中，模拟每个纵横比下（归一化标准偏差为 0.05 保持不变）的无因次渗透率与有效应力的关系曲线，研究纵横比对无因次渗透率与有效应力曲线的影响。

　　对比分析结果（图 2-19～图 2-22）发现，对于相同孔隙管束模型，随着 ε（1、0.5、0.1、0.05、0.01 和 0.005）的降低，无因次渗透率随有效应力的变化幅度逐渐增加，即岩石的应力敏感性增加，其原因是 ε 越小，岩石的喉道越容易变形，越容易体现出裂缝的特征。对于不同孔隙形状的模型，在相同 ε 下，星形模型的渗透率应力敏感性最强，而锥形模型的应力敏感性最弱。

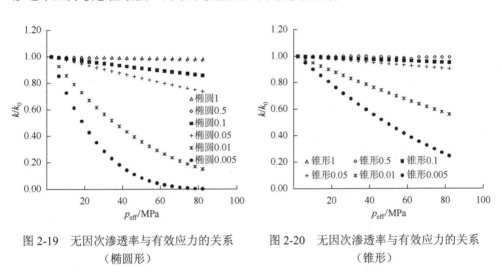

图 2-19　无因次渗透率与有效应力的关系　　　图 2-20　无因次渗透率与有效应力的关系
　　　　　　　（椭圆形）　　　　　　　　　　　　　　　　　（锥形）

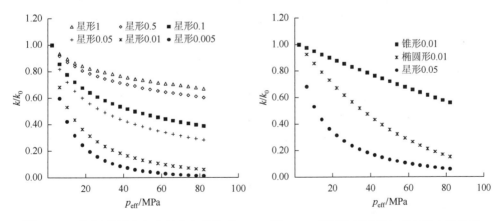

图 2-21　无因次渗透率与有效应力的关系　　　图 2-22　无因次渗透率与有效应力的关系
　　　　　　　（星形）　　　　　　　　　　　　　　　　　（不同形状）

　　然后，根据不同的归一化标准，孔隙半径偏差分布于各种孔隙形状模型中，以模拟不同归一化标准偏差下渗透率及其与有效应力的关系（纵横比保持 0.01 不变）。结果（图 2-23～图 2-25）表明，控制孔隙半径的归一化标准偏差对无因次渗透率与有效应力的变化关系曲线没有影响。

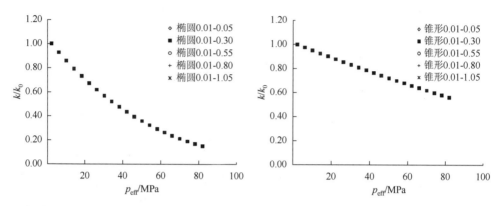

图 2-23　不同 σ_r/c_H 下无因次渗透率与有效应　　　　图 2-24　不同 σ_r/c_H 下无因次渗透率与有效应
　　　　力的关系（椭圆形）　　　　　　　　　　　　　力的关系（锥形）

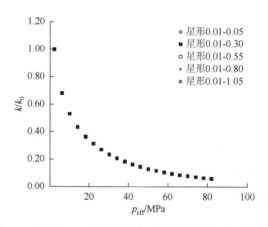

图 2-25　不同 σ_r/c_H 下渗透率与有效应力的关系（星形）

（2）基于 Gangi 裂缝模型的孔隙网络模拟方案和结果。进行基于 Gangi 裂缝模型的孔隙网络模拟时，裂缝初始开度 w_0 的分布与前面管束模型的 c_0 分布一样，前面研究发现其分布特征不会影响无因次渗透率曲线，因此，在 Gangi 裂缝孔隙网络模拟中，主要讨论裂缝接触面 R_A（设定 0.9、0.5、0.1、0.05、0.01 和 0.001 六个水平）和裂缝面粗糙度相关系数 m（设定 0.9、0.5、0.2、0.1、0.01 和 0.001 六个水平）对无因次渗透率与有效应力的影响特征，模拟结果见图 2-26～图 2-31。

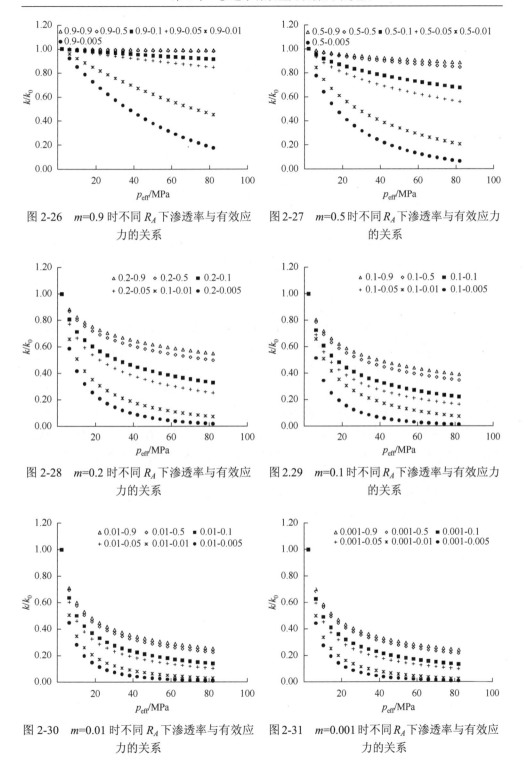

图 2-26 *m*=0.9 时不同 R_A 下渗透率与有效应力的关系

图 2-27 *m*=0.5 时不同 R_A 下渗透率与有效应力的关系

图 2-28 *m*=0.2 时不同 R_A 下渗透率与有效应力的关系

图 2.29 *m*=0.1 时不同 R_A 下渗透率与有效应力的关系

图 2-30 *m*=0.01 时不同 R_A 下渗透率与有效应力的关系

图 2-31 *m*=0.001 时不同 R_A 下渗透率与有效应力的关系

在粗糙系数 m 一定的条件下，随着 R_A 的减小，渗透率应力敏感性逐渐增强。m 从 0.9 减小到 0.5 时，不同 R_A 下的无因次渗透率与有效应力变化曲线的间距较大；而当 m 从 0.5 减小到 0.001 过程中，不同 R_A 下的无因次渗透率与有效应力变化曲线逐渐靠近，这说明 m 大于 0.5 时，R_A 对渗透率应力敏感性影响显著，而在 m 小于 0.5 之后，随 m 的减小，R_A 对渗透率应力敏感性的影响逐渐减弱，这与裂缝面上的粗糙度分布特征一致。同时，也可以发现随 R_A 的减小，m 对渗透率应力敏感性的影响也将减弱。

对比图 2-19～图 2-21 所示的管束模型模拟结果和图 2-26～图 2-31 所示的 Gangi 裂缝模型模拟结果，发现在一定的 m 和 R_A 下，Gangi 裂缝模型模拟结果与管束模型模拟结果相似。例如，图 2-19 与图 2-27、图 2-20 与图 2-26、图 2-21 和图 2-28，这也说明各个模型间在一定条件下可以相互表征。

（3）混合孔隙网络模型模拟方案和结果对比。混合模型包括两种。其一是对于管束模型，保持所连通管束均为某一孔隙类型，然后分布在不同的纵横比下（例如，椭圆形管束下，选择三个水平的纵横比 0.1、0.01 和 0.001，其对应的百分数分别是 50%、20% 和 30%）；对于 Gangi 裂缝模型，则用裂缝面的组合参数（R_A，m）代替纵横比。其二是不同孔隙类型的组合。例如，选择 50% 的椭圆形管束+20% 的星形管束+30% 的 Gangi 裂缝模型，同时也可包含各个孔隙模型下的不同纵横比或者裂缝面参数的组合。

以椭圆形模型孔隙组合是"0.5（20%）+0.05（60%）+0.005（20%）"为例，括号前面的数字值表示纵横比，括号里面的数值表示该纵横比所占百分数，其他锥形、星形和 Gangi 裂缝模型都用来预测与之相等的无因次渗透率变化率（在最后一个有效应力点），进而对比分析各种模型在增加相同有效应力且无因次渗透率降低相同幅度时孔隙结构特征间的差异，模拟结果如图 2-32 和图 2-33 所示。星形模型的孔隙组合是"0.5（30%）+0.05（43%）+0.005（27%）"；锥形模型孔隙组合是"0.1（12%）+0.05（10%）+0.005（78%）"；Gangi 裂缝模型的孔隙组合是"60%（m=0.1，R_A=0.5）+40%（m=0.1，R_A=0.05）"。

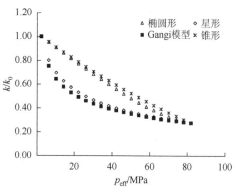
图 2-32　单一孔隙类型混合模型无因次渗透率与有效应力的关系

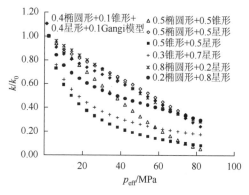
图 2-33　多种孔隙类型混合模型无因次渗透率与有效应力的关系

模拟结果（图 2-32）表明，各个混合模型都可以表征无因次渗透率在增加相同有效应力条件下降低了相同的幅度。然而，各个模型无因次渗透率随有效应力的变化轨迹却有差别，这与其孔隙类型和组合方式有关。在模拟条件下，Gangi 裂缝模型和星形模型对应的无因次渗透率变化轨迹相似——曲线特征明显。椭圆形模型和锥形模型对应的无因次渗透率变化轨迹相似——线性特征更明显。锥形模型中纵横比为 0.005 的喉道占据了绝大部分。

同时，以图 2-32 中相同类型孔隙模型为基础（如椭圆形、星形、锥形和 Gangi 裂缝模型），保持各个模型孔隙组合特征不变（组合的纵横比或者裂缝面参数及其对应的百分数不变），然后将这四种模型进行组合模拟。结果发现：①两种孔隙类型模型间按照不同的百分数组合，无因次渗透率与有效应力的变化关系曲线不一样（如"0.2 椭圆形+0.8 星形"与"0.8 椭圆形+0.2 星形"）；②不同孔隙类型模型组合之间，无因次渗透率与有效应力的变化关系差异更大（如"0.5 椭圆形+0.5 星形"与"0.5 锥形+0.5 星形"）。因此，组合方式发生改变，无因次渗透率与有效应力的关系曲线也将发生改变。这说明模型间的组合不是简单的叠加，在拟合实验数据时应加以考虑。同时，在模拟实验数据过程中，不仅要考虑拟合渗透率的降低幅度，而且还要考虑拟合曲线的形态，进而分析岩石的孔隙结构特征。

2. 基于孔隙网络模拟的有效应力系数下限值

基于有效应力影响下的孔隙网络模拟结果可以发现，随有效应力的增加，岩石的性质将会变得更为稳定，表现为渗透率基本不会发生改变。岩石性质稳定时将会表现出孔隙性岩石的特征，此时可以将岩石的孔隙类型简化为圆形管束，对应计算得到的有效应力系数即为其下限值（Berryman，1992；李闽等，2009b），那么，下面的网络模拟中所使用的网络网格连线均用圆柱形管束代替，不考虑微裂缝的存在。

与网络模拟过程相似，为了得出岩石中孔隙空间的非均质规律，按照一定的分布规律选取管束半径的大小，同时采用随机或人工调整网格连线的方法，生成非均质的网络模型，即采用规范化的标准偏差（即 0.05、0.30、0.55、0.80 和 1.05，具体见表 2-1）下的对数均匀分布。然而，网络模型中配位数的变化需要用以下两种方法实现：①改变网络中的网格类型，即采用二维三角形、正方形和正六边形网格，以及三维面心立方体（FCC）、体心立方体（BCC）和简单立方体（SC）网格，相对应的配位数（z）分别为 6、4、3、12、8 和 6；②根据概率 p 随机选择网格连线并指定相应的管束半径大小，从而构建出不同的网络结构模型，其中，对没有被选择的连线不进行赋值（即 $r=0$）。

虽然针对多孔介质中配位数 $z=0$ 的孔隙识别还存在问题，但是可通过整个的网络节点来计算平均配位数 $<z>$（即使局部配位数为 0，为了简化，在后面的表述中将去掉括号，用 z 代替<z>)。图 2-34 中的拟合曲线关系表明，对网络模拟所得到数据点的拟合效果较好。在任何情况下，(z-z_c) 值都与 (p-p_c) 值线性相关，其中，p 是在模拟过程中被选择的网格连线占总网格连线的百分数（逾渗概率），p_c 是逾渗阈值，z_c 是临界配位数（即逾渗阈值下所对应的网络配位数值，正方形、三角形、正六边形、简单立方体、体心立方体、面心立方体网络的 p_c 值都是已知的，分别为 0.5、0.347、0.653、0.249、0.18 和 0.12）。在二维与三维网络中，对应的 z_c 值约为 2 和 1.5。图 2-34 和图 2-35 中，从点（p=1，z_{max}）到点（p_c，z_c）之间的连线即为所需的理论直线（在图 2-34 和图 2-35 中用箭头标示）。同时，这些直线拟合结果都很好，说明了模拟的结果是可靠的。因为孔隙度是 p 的线性函数，所以孔隙度一定与 z 线性相关。只是要特别指出，对于渗流理论，这种关系不是通用的，它会随着网格类型的不同而发生变化。

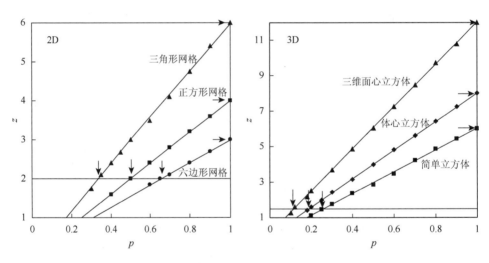

图 2-34　二维网络模型 p 与 z 的关系曲线　　图 2-35　三维网络模型 p 与 z 的关系曲线

当 z 非常接近 z_c 时，模拟结果表明，得到的渗透率发生了相当大的波动，其结果并不像其他例子中得到的渗透率那样精确；当　r/<r>=1.05、z≈1.2z_c 时，渗透率 k 的最大统计波动值达 20%；在除了 z<1.2z_c 的其他情况下，模拟得到的渗透率 k 与<k>之间的误差值≤1%。此外，进行网络模拟时也可得出每个网络的孔隙度 ϕ，其中 ϕ 为总管束体积（未填充管束的体积为 0）与总网络体积的比值；整个模拟过程中 ϕ 的波动≤2%。

（1）渗透率关系模拟及其关系式。网络模拟结果表明，k/k_0 随 (z-z_c) 值的增加而增加，随 σ_r/<r> 的增加而减小。绘制 k/k_0～(z-z_c) 的双对数曲线（图 2-36）发现，在二维网络中（z_c≈2，图中 σ_r/<r>=0.3），曲线的线性相关性好，说明

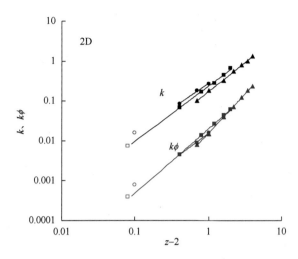

图 2-36 二维网络 $k \sim (z-z_c)$、$k\phi \sim (z-z_c)$ 的双对数曲线图

注：黑色的点和线表示 k，蓝色的点和线表示 $k\phi$，白色的点表示渗流阈值附近不准确的数据点

k/k_0 与 $(z-z_c)$ 为乘幂关系，即 $k/k_0 \propto (z-z_c)^{\beta}$；只是图中三条线的斜率各不相同，这说明指数 β 与网格类型有很大的关系。与此同时，用 $(k/k_0)\phi$ 代替 (k/k_0)，发现基于三角形、正方形及六边形网格模拟结果的拟合线重合，此时基于不同网格类型的模拟结果可用一个关系式表示，这说明模拟结果与所选取的网格类型无关。此外，还尝试分析了多种孔隙度与渗透率的组合形式（即 k/ϕ、k、$k\phi$、$k\phi^2$ 和 $k\phi^3$）与 $(z-z_c)$ 之间的拟合关系，发现对应的均方根（即 $\log(k_{obs})$–$\log(k_{mod})$ 差的均方根，其中下标"obs"表示网络模拟得到的值，"mod"表示用乘幂关系拟合得到的值）分别为 0.299、0.188、0.128、0.193 和 0.31，这说明关系式 $k/k_0 \propto (z-z_c)^{\beta}$ 更适合描述二维孔隙性网络模型（其中，系数 β 是 $\sigma_r/<r>$ 的函数）。相类似，也得到了三维模型下 k/ϕ^2、k/ϕ、k、$k\phi$ 和 $k\phi^2$ 分别与 $(z-z_c)$ 之间拟合关系的均方根为 0.364、0.215、0.117、0.191 和 0.333，这也说明关系式 $k/k_0 \propto (z-z_c)^{\beta}$ 最适合描述三维孔隙性网络模型（其中系数 β 是 $\sigma_r/<r>$ 的函数）。

图 2-37 和图 2-38 分别表示二维和三维网络模型中半径 r 呈对数均匀分布时，不同 $\sigma_r/<r>$ 下的乘幂关系，即 $(k/k_0)\phi \propto (z-z_c)^{\beta}$ 和 $k/k_0 \propto (z-z_c)^{\beta}$（$r$ 均匀分布时乘幂关系拟合较好，拟合时排除了 $z-z_c < 0.4$ 的不准确的数据点，即图中所示空心点）。图 2-37 和图 2-38 中每一条直线对应一个 $\sigma_r/<r>$ 值，拟合线的斜率是乘幂关系的指数，于是可分别得到 2D 和 3D 网络模型 $\sigma_r/<r>$ 值对应的幂指数 γ 和 β。

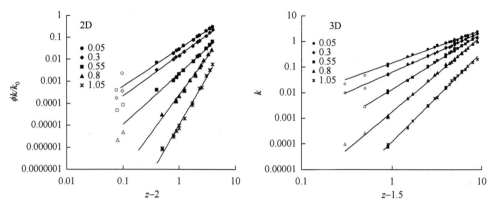

图 2-37　二维网络 $k\phi\sim$（$z-z_c$）的双对数曲线　　图 2-38　三维网络 $k\sim$（$z-z_c$）的双对数曲线

　　分别绘制 $\sigma_r/<r>$ 与指数 γ 和 β 的关系图（如图 2-39 和图 2-40 所示，其中 LU 表示 r 呈对数均匀分布，U 表示 r 呈均匀分布）。在二维网络模型中，r 呈对数均匀分布与呈均匀分布下的 $\sigma_r/<r>$ 及指数 γ 的关系不一样，r 呈均匀分布下的指数 γ 值更大。在三维网络中，r 呈对数均匀分布与呈均匀分布下的 $\sigma_r/<r>$ 及指数 γ 的关系一样，说明三维模型得到的乘幂关系 $k/k_0\propto$（$z-z_c$）$^\beta$ 更适用于表征多孔介质。因此，有中轴的多孔介质服从如下乘幂关系：$k=w\,k_0$（$z-z_c$）$^\beta$，其中，系数 w 和指数 β 是 $\sigma_r/<r>$ 的函数。结合 k_0 的定义，得到多孔介质渗透率模型为

$$k = w\frac{\pi}{8}\left[\frac{r_H}{<l>}\right]^2 (z-1.5)^\beta r_H^2 \tag{2-21}$$

其中，k——渗透率，D；

　　　　r_H——水力半径，μm；

　　　　l——管束长度，μm；

　　　　z——配位数。

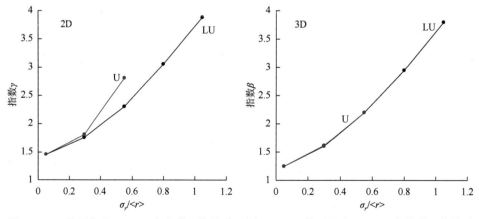

图 2-39　二维网络中 $\sigma_r/<r>$ 与指数 γ 的关系　　图 2-40　三维网络中 $\sigma_r/<r>$ 与指数 β 的关系

根据图 2-40 可得到三维孔隙模型中不同 $\sigma_r/\langle r\rangle$ 值对应的系数 w 的值，如图 2-41 所示（LU 表示 r 呈对数均匀分布，U 表示 r 呈均匀分布）。图 2-40 和图 2-41 表明系数 w 和指数 β 与 $\sigma_r/\langle r\rangle$ 的关系不能用简单的函数关系表示，因此公式 2-21 中仍保留 w 和 β。

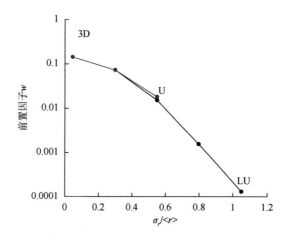

图 2-41　系数 w 与 $\sigma_r/\langle r\rangle$ 的关系

下面结合 Doyen（1993）的 7 块枫丹白露砂岩实验数据和 Fredrich（1993）的 4 块枫丹白露砂岩的实验数据验证模型（公式 2-21）的合理性。Doyen 基于 Bruggeman 的有效介质理论给出了 7 块孔隙度为 5.2%～22.1%的枫丹白露砂岩传导系数的表达式，并通过二维薄片分析了岩样的微观结构，得到了喉道和孔隙大小分布的直方图。因为配位数不能直接从单一的二维薄片中测得，所以 Doyen 把空间平均配位数定义为在某一节点汇合的分支的平均数，并定义其为拟二维配位数（该值等于薄片中的总喉道数除以总孔隙数）。他特别假设拟配位数正比于空间平均配位数，并假定孔隙度最大的岩样的平均配位数等于 6，即假定弱胶结的高孔隙度岩样的孔隙空间连通性类似于颗粒的紧密随机排列，因此通过薄片中喉道的数量得到了空间平均配位数，记为 z_{2D}。Fredrich 等用稳态流动法测量了 4 块孔隙度在 4.6%～20.5%的枫丹白露砂岩的渗透率，并用激光扫描共焦显微镜（LSCM）测量了孔隙比面和平均截线长度，以此计算了岩样的水力半径 r_H（11 块枫丹白露砂岩的实验数据见表 2-3）。

表 2-3　Doyen 和 Fredrich 的实验数据

序号	总孔隙度/%	渗透率/mD	配位数（z_{2D}）	水力半径/μm	实验者
1	5.2	4	2.3	—	
2	7.5	33	3.0	—	
3	9.7	54	4.4	—	
4	15.2	569	5.6	—	Doyen
5	18.0	593	5.9	—	
6	19.5	1123	5.7	—	
7	22.1	784	6.0	—	
8	4.6	0.42	—	6.5	
9	10.7	199	—	6.2	Fredrich
10	15.9	586	—	8.8	
11	20.5	4139	—	9.5	

　　拟合 11 块枫丹白露砂岩的孔隙度与渗透率的实验数据（图 2-42），发现孔隙度与渗透率满足 $k \propto \phi^{4.1}$（因为岩样 F1 在渗流阈值附近，$\phi = 4.6\%$，拟合时没有采用该数据点）。Lindquist 等（2000）对 4 块孔隙度为 7.5%～22%的枫丹白露砂岩的三维 X 射线微观层析图像进行了中轴分析（也就是把微观几何空间简化为拓扑结构，并对微观结构进行分析），给出了配位数的分布、管束长度、喉道大小和孔隙体积等参数（表 2-4）。需要特别指出的是，Lindquist 只保留孔隙空间的渗流骨架，忽略被图像的边界切断的任何节点孔隙，因此没有配位数等于 1 的孔隙，

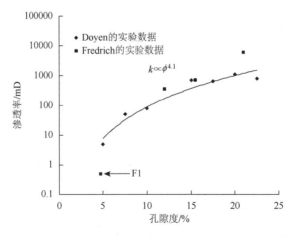

图 2-42　11 块枫丹白露砂岩渗透率与孔隙度的数据拟合关系

这将导致配位数的最小值为 3。这种做法使他们得到的配位数为修正平均配位数，记为 z^*，且 z^* 始终是 ≥3 的。前人对此没有进行深入讨论，因而对应着渗流阈值的临界值 z^*_c 也是未知的。

表 2-4　Lindquist 等的实验数据

序号	总孔隙度/%	修正平均配位数 z^*	平均管长 $<l>$/μm
1	7.5	3.37	198
2	13	3.49	159
3	15	3.66	154
4	22	3.75	131

对比分析上述枫丹白露砂岩（表 2-3 和表 2-4）的数据发现，孔隙度所对应的参数并不完整，因此只能利用孔隙度与已知数据进行拟合，进而建立这些参数与孔隙度的关系，拟合得出的关系式见表 2-5（拟合得到的相关式不唯一，这里选用了相关系数大且数学公式简单的式子）。

表 2-5　孔隙度与其他参数的拟合关系式

拟合关系式	数据来源
$<l> = 457.14\phi^{-0.39752}$	Lindquist 等
$z^* = 3.1131 + 0.029929\phi$	Lindquist 等
$r_H = 13.2 - 0.24651\phi + 0.027136\phi^2$	Fredrich 等
$z_{2D} = -2.1249 + 6.2455\lg\phi$	Doyen
$z^* - z = 2.1867 - 2.7078\lg z$	变换 1：$z^*_c = 3.21$，（图 2-43）
$z^* - z = 2.2373 - 2.8627\lg z$	变换 2：$z^*_c = 3.23$，（图 2-43）

与此同时，z^* 与 z 的值还可以通过统计分析网络模拟的数据得到，然后由拟合得到的数据点可确定 z^* 与 z 的关系（图 2-43）。当 $z>6$ 时，数据点位于对角线附近，$z^* \approx z$；当 $z<6$ 时，z^*-z 与 $\lg z$ 两者呈线性变化关系；当 $z=z_c$ 时，相应的数据点已偏离对角线，z_c 大于 z_c（如图 2-43 所示）。分别用 $z^*_c=3.21$ 和 $z^*_c=3.23$ 得出变换式 1 和变换式 2，结果发现拟合所得的关系式形式基本相同（表 2-5）。

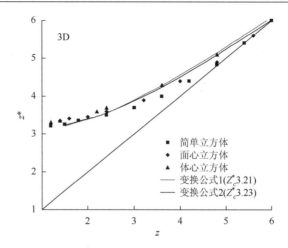

图 2-43　修正平均配位数 z^* 和平均配位数 z 的关系

　　根据表 2-5 中的关系式，当已知孔隙度时就可以得到多孔介质的水力半径、平均管长及平均配位数。

　　接下来有必要进一步讨论系数 w 和指数 β 这两个参数。新模型中的 w 和 β 是 $\sigma_r/\langle r\rangle$ 的函数，因此确定 w 和 β 的值就只需估算出 $\sigma_r/\langle r\rangle$ 的值。Doyen（1993）根据岩石喉道和孔隙大小分布的直方图近似计算了喉道大小的规范标准偏差 $\sigma_{\text{喉}}$ 和节点孔隙半径的规范标准偏差 $\sigma_{\text{孔}}$；对于孔隙度分别为 7.5% 和 22.1% 的岩样，得到的喉道规范标准偏差分别是 0.7 和 0.8，节点孔隙半径的规范标准偏差分别为 0.4 与 0.6，但这样估算出的 $\sigma_r/\langle r\rangle$ 可能会偏大，原因是它们不仅受孔隙大小的影响，而且还受相交孔隙相对于薄片表面取向的影响（在 Fredrich 等（1993），给出的弦长直方图中，取向对规范标准偏差影响更加敏感，因此不建议采用）。从 Lindquist 等的三维微观结构分析中，可得到相对较低的规范标准偏差值（$\sigma_{\text{喉}} \approx 0.6$ 和 $\sigma_{\text{孔}} \approx 0.4$）。$\sigma_{\text{喉}}$ 不能反映单个孔隙截面的变化，而 $\sigma_r/\langle r\rangle$ 却能较为真实地反映这种变化关系，因此 $\sigma_{\text{喉}}$ 的可变性比 $\sigma_r/\langle r\rangle$ 更大。在此，假定枫丹白露砂岩的 $\sigma_r/\langle r\rangle$ 值接近于 $\sigma_{\text{孔}}$，即 $\sigma_r/\langle r\rangle \approx 0.4$，那么根据 β、w 与 $\sigma_r/\langle r\rangle$ 的关系曲线可估算得 $\beta=2.01$ 及 $w=0.0366$。

　　于是，根据前面给出的关系式及系数 w 和指数 β 的值可计算得 11 块枫丹白露砂岩渗透率的理论值，将渗透率的理论值（共进行了两次计算，分别采用 z^* 和 z_{2D} 表，误差线表示用变换 1 和变换 2 得到的差值）与实测值进行对比分析发现（图 2-44），用 z_{2D} 计算的渗透率值与实测值拟合效果更好，而用 z^* 计算的渗透率值比实测值约小了一个数量级。出现这种情况的原因是：z^* 虽然是从三维图中得到的，但中轴法易使 z^* 的值偏向于 3（Lindquist 得到的 z^* 为 3.37～3.75，对应岩样孔隙度为 8.4%～21.3%），而 Doyen 得到的 z_{2D} 的值为 2.3～6，对应岩样孔隙

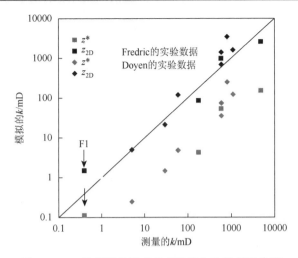

图 2-44　11 块岩样渗透率的理论值与实测值的比较

度为 5.2%～22.1%，由 Baldwin 等（1996）确定的三维图中，均匀排列球形的单个孔隙配位数值更大，平均配位数约为 6。此外，Doyen 采用腐蚀的方法进行薄片分析，这可能会产生更多的假分支，因此减少了配位数为 0 的节点孔隙数。需要提醒的是：①虽然用新模型所获得的渗透率预测值在渗流阈值（渗流阈值的存在并不是岩石的通性）附近有些偏差，通常可引入临界孔隙度以避免这种情况的出现，只是这种方法会给模型增加额外的计算参数。②z 是一个真正的自变量，它给出了一个在整个孔隙度范围内都有效的通用的渗透率计算模型，而不论是否存在渗流阈值，模型并不需要额外的参数来表示可能存在的渗流阈值，如果存在渗流阈值则 z_c=1.5，若不存在渗流阈值则 z＞1.5。

　　综上所述，采用二维和三维网络模型模拟了多孔介质岩石中流体的流动，借助孔隙半径分布的规范标准偏差表征孔隙的非均匀性，及借助配位数表征孔隙的连通性，进而得到了一个基于孔隙网络模拟的渗透率计算模型，并结合枫丹白露砂岩的实验数据验证了新模型的合理性。新模型中虽然也包括水力半径 r_H，但却不同于以往的 KC 模型（KC 模型把孔隙度看作是自变量）。在新模型中，孔隙度和渗透率都是因变量，自变量是配位数和水力半径，实现了以岩石微观结构参数表征宏观物性参数。

　　（2）有效应力系数下限值确定。量纲分析发现渗透率与长度的平方呈正比，即渗透率满足 $k = HL^2$，其中，H 为无量纲的尺度不变参数（不仅是无量纲，而且也不会随岩石尺寸的变化而变化，例如孔隙度），L 表示相关的长度量。

　　分析由孔隙网络模拟得到的渗透率计算模型（方程 2-21）可以发现，配位数 z、系数 w、指数 β，及比值 $r_H/<l>$ 都是表征孔隙结构特征的参数，属于无量纲的尺度不变量。那么有

$$\frac{\delta k}{k} = 2 \frac{\delta r_H}{r_H} \qquad (2\text{-}22)$$

因为前面孔隙网络模拟中采用的是 n 个圆柱形管束，所以其孔隙体积为

$$V_\phi = n\pi r_H^2 l \qquad (2\text{-}23)$$

则有

$$\frac{\delta V_\phi}{V_\phi} = 2 \frac{\delta r_H}{r_H} + \frac{\delta l}{l} \qquad (2\text{-}24)$$

对于网络的总体积，其数值与所用的网格类型和网格数有关，但无论是二维网络还是三维网络，总有下式成立：

$$V \propto l^3 \qquad (2\text{-}25)$$

V 表示网络总体积，表达式右边的常数项与所用网格相关。则有

$$\frac{\delta V}{V} = 3 \frac{\delta l}{l} \qquad (2\text{-}26)$$

将上式代入（2-24）式，有

$$2 \frac{\delta r_H}{r_H} = \frac{\delta V_\phi}{V_\phi} - \frac{1}{3} \frac{\delta V}{V} \qquad (2\text{-}27)$$

将其代入（2-22）式，则有

$$\frac{\delta k}{k} = \frac{\delta V_\phi}{V_\phi} - \frac{1}{3} \frac{\delta V}{V} \qquad (2\text{-}28)$$

根据 Berryman 定义的四个体积模量（方程式（A2-1）～方程式（A2-3）和方程式（A2-6）），可以分别得到总体积应变的表达式和孔隙体积应变的表达式，分别如下：

$$-\frac{\delta V}{V} = \frac{\delta p_d}{K} + \frac{\delta p_f}{K_s} \qquad (2\text{-}29)$$

$$-\frac{\delta V_\phi}{V_\phi} = \frac{\delta p_d}{K_p} + \frac{\delta p_f}{K_\phi} \qquad (2\text{-}30)$$

改写方程式（2-24）和方程式（2-30），分别如下：

$$-\frac{\delta V}{V} = \frac{\delta p_d}{K} + \frac{\delta p_f}{K_s} = \frac{1}{K}(\delta p_c - \alpha \delta p_f) \qquad (2\text{-}31)$$

其中，$\alpha = 1 - K/K_s$，为形变有效应力系数。

$$-\frac{\delta V_\phi}{V_\phi} = \frac{\delta p_d}{K_p} + \frac{\delta p_f}{K_\phi} = \frac{1}{K_p}(\delta p_c - \chi \delta p_f) \qquad (2\text{-}32)$$

其中，$\chi = 1 - K_p/K_\phi$，为孔隙体积有效应力系数。

将方程（2-31）和方程（2-32）代入方程（2-28），有

$$\frac{\delta k}{k} = \frac{\delta V_\phi}{V_\phi} - \frac{1}{3}\frac{\delta V}{V} = -\frac{1}{K_p}(\delta p_c - \chi \delta p_f) + \frac{1}{3K}(\delta p_c - \alpha \delta p_f) \qquad (2\text{-}33)$$

其中，$K_p = \phi K / \alpha$。

对微观均质岩石，在压差一定的情况下，改变孔隙流体压力 p_f 意味着在岩样外表面和孔隙内表面施加相同增量的压力，这样的压力增量使孔隙体积随骨架以相同的速率产生变形，即不会改变孔隙度。那么根据式（A2-2）和式（A2-3）可以得到 $K_\phi = K_s$，再结合 $\chi = 1 - K_p / K_\phi$ 方程，有

$$\chi = 1 - \phi(1/\alpha - 1) \qquad (2\text{-}34)$$

将 α 和 χ 的表达式代入方程（2-28），得

$$\frac{\delta k}{k} = \frac{\phi - 3\alpha}{3\phi K}\left[\delta p_c - \left(\frac{3\alpha\chi - \alpha\phi}{3\alpha - \phi}\right)\delta p_f\right] \qquad (2\text{-}35)$$

即渗透率有效应力系数 κ 的表达式为

$$\kappa = \frac{3\alpha\chi - \alpha}{3\alpha - \phi} = 1 - \frac{2\phi(1-\alpha)}{3\alpha - \phi} \qquad (2\text{-}36)$$

结合式（2-36）和郑玲丽（2009）得出的有效应力系数表达式（郑玲丽研究发现，随围压的增加，α 逐渐减小，最后减小至岩石的孔隙度，即 $\alpha = \phi$，并且 $\alpha \geqslant \phi$），可以推导出有效应力系数的下限表达式：

$$\alpha = \phi - K\left(\frac{\delta \phi}{\delta p_c}\right)_{p_f} \qquad (2\text{-}37)$$

$$\kappa = 1 - \frac{2\phi(1-\phi)}{3\phi - \phi} = \phi \qquad (2\text{-}38)$$

在方程式（2-36）中，$3\alpha - \phi - 2\phi(1-\alpha) = 3(\alpha - \phi) + 2\alpha\phi > 0$，因此渗透率有效应力系数 κ 小于 1；随应力的增加，α 逐渐减小，$2\phi(1-\alpha)$ 增加，$3\alpha - \phi$ 减小，κ 也减小，因此渗透率有效应力系数的下限值等于孔隙度。对于均值的多孔介质，渗透率有效应力系数的下限值等于多孔介质的孔隙度；对于非均质的多孔介质岩石，存在 $\delta p_c / \delta p_f = \theta$ 这样一个比值，使多孔骨架发生整体的膨胀或收缩，骨架颗粒的相对位置保持不变，那么此时配位数 z、系数 w 和指数 β 及比值 $r_H/<l>$ 不随骨架变形发生变化，渗透率有效应力系数与均质岩石的有效应力系数表达式相同，其下限值也为孔隙度。至此，基于网络模拟得到的渗透率新模型推导出了渗透率有效应力系数的表达式，并从理论上给出了渗透率有效应力系数的下限值。

2.5　本　章　小　结

孔隙网络模拟技术是研究岩石微观参数对宏观特性影响规律的重要手段。本

章所建立的考虑应力敏感性的网络模型，为分析渗透率随有效应力变化的特征提供了基础，且发现不同类型的孔隙结构会表现出不一样的应力敏感性特征。同时，用基于孔隙网络模型得到的渗透率计算新模型，推导了均质岩石及一定条件下非均质多孔岩石的有效应力系数表达式，发现渗透率有效应力系数的理论下限值为孔隙度，这为研究多孔岩石的渗透率有效应力系数提供了一个新的视角。

第3章　渗透率有效应力实验

通过实验研究有效应力是一种直观且有效的方法，也是常采用的重要手段。因此，本章以岩石的微观特征实验为基础，系统介绍了渗透率有效应力的实验设计、数据获取、数据计算与分析等研究工作。

3.1　渗透率有效应力实验研究进展

1968 年至今，国内外共完成 99 块岩样的渗透率有效应力系数实验测试，其中包含 70 块砂岩、17 块花岗岩、7 块泥页岩、2 块人造岩心和 3 块灰岩（表 3-1）。实验确定有效应力一般是在固定围压循环孔隙流体压力，或固定孔隙流体压力循环围压条件下，测试岩石物理性质（如渗透率）与围压、孔隙流体压力的变化规律，并采用曲线平移法、微分法或、交绘图法和响应面法（Robin，1973；Kranz，1979；Walsh，1981；Bernabé，1986；Warpinski et al.，1992；Al-Wardy et al.，2004；郑玲丽等，2008；Li et al.，2009a）来确定岩石的有效应力系数 κ，进而计算不同围压和孔隙流体压力下岩石的有效应力。

1989 年以前，用于实验的岩石主要是花岗岩和渗透性较好的砂岩，之后，实验岩石以低渗致密砂岩为主，这或许与低渗致密油气藏资源在能源结构中的位置越来越重要有关。对渗透性较差的花岗岩和泥页岩，基本上都是采用压力瞬态脉冲法测定岩石的渗透率，进而确定有效应力系数，实验中的流体以液体为主。对于砂岩，基本上都是采用稳态法测定岩石的渗透率，然后确定有效应力系数；高渗砂岩的实验流体以液体为主，低渗砂岩的实验流体以气体为主。仅吴曼等（2011）用振荡法确定了低渗砂岩的渗透率，同时与稳态法的测试结果进行了对比，发现振荡法测试的渗透率值比稳态法测试的渗透率值高出 26.3%～58.8%。

实验流体为液体时，应使岩样充分饱和，因为各种计算渗透率的方法都假设流体在岩样中的流动符合单相流的定义，但是当孔隙流体压力较低时，溶解在液体中的气体会游离出来，从而引起测试的误差，这尤其对压力脉冲和振荡法的影响较大，同时也很难保证实验流体不与岩石发生物理化学反应，从而引起岩石发生不可逆的变化。用气体作为实验流体时，最大的优点在于能避免其与岩石发生物理化学反应，然而当孔隙流体压力较低时容易出现滑脱效应（唐雁冰，2012），直接影响计算结果。虽然利用压力瞬态脉冲法时可忽略气体滑脱效应，但是气体泄露

表 3-1　有效应力系数理论与实验研究结果汇总

理论研究 双组分概念模型 κ	理论研究 κ	理论研究 研究者	实验研究 κ	实验研究 岩石类型	实验研究 黏土及其含量	实验研究 实验介质	实验研究 研究者
—	—	Zoback, Byerlee	1	花岗岩 (1)	—	蒸馏水，氩	Brace 等 (1968)
—	—	—	4.0 和 2.2	Berea 砂岩 (2)	黏土 (8%)	润滑油	Zoback 和 Byerlee (1975)
—	—	—	≤1	Barre 花岗岩 (4)	—	煤油	Kranz 等 (1979)
—	—	—	0.43 和 0.86	人造孔隙型岩心 (2)	0	蒸馏水	Nur 等 (1980)
			2.9 和 3.2	Berea 砂岩 (2)	高岭石 (6% 和 4.3%)	盐水	
			1.2~4.6	砂岩 (7)	高岭石 (0.5%~8.6%)	蒸馏水	
			7.1	低渗砂岩 (1)	高岭石 (20%)	蒸馏水	
			4 和 3.5	砂岩 (2)	高岭石 (8% 和 6%)	油	
0.4~1.0*	—	Walsh	0.56 和 0.90	Barre 花岗岩 (2)	—	煤油	Kranz 等 (1979)
1	—	Coyner	1	花岗岩 (1)	—	氮气	Coyner (1984)
			>1	Berea 砂岩 (1)	伊利石/高岭石	盐水	
0.625~1.0*	—	Bernabé	0.43~1.1*	花岗岩 (4)	—	蒸馏水	Bernabé (1986)
			1	裂缝砂岩 (1) 和花岗岩 (2)	—	蒸馏水	Bernabé (1987)
			0.5~1.2*	花岗岩 (2)	—	KCl 溶液	Bernabé (1988)
—	—	—	1	花岗岩 (3)	—	去离子水	Morrow 等 (1996)
—	—	—	0.60~0.75*	枫丹白露低渗砂岩 (1)	0	水	David, Darot (1989)

续表

理论研究		数值	实验研究			
			岩石类型	矿物	流体	文献
(常数)	Berryman (1992)	1	裂缝灰岩 (1)	—	氮气	Warpinski、Teufel (1991, 1992)
—	—	0.8~1.06*	裂缝砂岩 (1)	含黏土		
—	—	0.50~1.0*	低渗低解方解石灰岩 (1)	—		
—	—	0.55~1.1*	低渗砂岩 (2)	伊蒙混层		
—	—	1	页岩 (7)	伊利石 (40%~50%)	NaCl 盐水	Kwon (2001)
$\kappa \geq (2+\phi)/3$	Al-Wardy、Zimmerman (2004)	5.4	砂岩 (1)	高岭石 (8%)	NaCl 盐水	Al-Wardy、Zimmerman (2004)
—	—	1.16~2.58	砂岩 (2) +低渗砂岩 (1)	—	NaCl 盐水	Shafer (2008)
壳状模型*	Ghabezloo (2009)	0.9~2.4*	低渗鲕粒石灰岩 (1)	—	水	Ghabezloo (2009a, b)
概念模型 $\phi \leq \kappa \leq 1.0$*	李闽等 (2009b)	0~1.36*	低渗砂岩 (7)	伊利石 (2%~8%)	氮气	李闽等 (2011)
—	—	1.16~6.16	低渗砂岩 (4)	伊/蒙混层和绿/蒙混层为主 (15%~22.5%)	氮气	赵金洲等 (2011)
—	—	1.1 和 3.1	低渗砂岩 (2)	—	蒸馏水	吴曼等 (2011)
—	—	0~1.12*	低渗砂岩 (9)	伊利石	氮气	李闽等 (2011)
—	—	0.272~0.685*	致密砂岩 (2)	—	氮气	乔丽苹等 (2011)
—	—	1.14 和 2.27	低渗砂岩 (2)	伊/蒙混层 (14.9%)、绿/蒙混层 (18.7%)	氮气	肖文联等 (2012)
—	—	0.0696~0.919*	低渗砂岩 (2)	绿泥石等 (>15%)	氮气	肖文联等 (2013)
—	—	0~1.40*	低渗砂岩 (12)	高岭石、伊利石、绿泥石等 (>15%)	氮气	李闽等 (2014)

注：ϕ 是孔隙度，岩石类型后面括号中的数字是实验岩心的数量，"*" 表示实验和理论研究结果不是常数。

和温度变化会影响实验测试结果的准确性（Bernabé，1986）。可以用以下两种方法消除滑脱效应对有效应力系数测试结果的影响。一种方法是在较高孔隙流体压力下进行实验。Li 等（2009a）的研究表明，一般在 6MPa 以上时滑脱效应产生的相对误差小于 1.5%，只是这种方法需要在（p_f, p_c）图中外推渗透率等值线至孔隙流体压力为零时得到的围压，作为该等值线对应的有效应力，在有些情况下，这样做会出现一定的误差，但这是目前常用的方法。另外一种方法就是在较低孔隙流体压力下测试渗透率时开展滑脱校正实验，这在理论上是可行的，但是这将成倍增加工作量而花费更多的时间，同时需要设备长期稳定地工作，

　　尽管如此，肖文联等（2012）在室内实验实现了该方案。不管是用稳态法、压力瞬态脉冲法，还是振荡法确定渗透率有效应力，有效应力实验都至少包括 2 个循环回路，其中一个回路是指在恒定围压下，循环降低和增加孔隙流体压力（Li et al.，2009a），或者保持恒定孔隙流体压力下循环增加和降低围压（Bernabé，1986；Li 等，2009a）。同时，为消除应力滞后效应和保证岩心在实验过程中的稳定性，通常在有效应力实验之前进行"老化处理"，也即保持孔隙流体压力接近大气压时，循环增加和降低围压（此时围压近似等于岩石上所受的有效应力）至少 2 个回路；一般围压的最小值为 2MPa，最大值为实验方案设计中的最大有效应力。"老化处理"与石油行业标准（2002）中规定的常规应力敏感性实验类似。除了 2 个回路的"老化处理"，实验过程中还会在 2 个回路的基础上增加更多的回路，扩大压力测试范围和增加测试点的数量，这样将尽可能避免单点测试误差带来的影响，满足响应面数据处理分析的要求（李闽等，2009b；Li et al.，2009a）。稳态法测渗透率时要求岩心中的流动达到稳定，稳定的时间随渗透率的降低而增加，因此完成整个实验测试就需要花费大量的时间。虽然压力瞬态脉冲法（或压力振荡法）单个压力点测试时间短，但是实验前的真空饱和处理和大量的测试点也必然消耗大量的时间。总之，实验确定渗透率有效应力的工作量非常大。

　　分析实验数据确定有效应力系数的方法有微分法（Kranz et al.，1979；Bernabé，1986）、交绘图法（Walsh，1981；Bernabé，1986）、平移法（Al-Wardy et al.，2004）和响应面方法（Robin，1973；Warpinski et al.，1992；郑玲丽等，2008；Liet al.，2009a）。Kranz 等（1979）基于实验测试渗透率是围压与孔隙流体压力差值的函数，建立了渗透率和围压与孔隙流体压力的差值间的微分方程和有效应力系数 κ 的计算公式，于是得到 κ 为 1 或者近似为 1。交绘图法是 Walsh（1981）用渗透率公式 $k^{1/3}=A\log(p_f)+B$（A、B 是与围压相关的拟合系数）拟合不同围压下渗透率与孔隙流体压力的实验数据，然后在（p_f, p_c）平面图上绘制渗透率等值线，等值线的斜率即为有效应力系数。交绘图法假设所建立的渗透率等值线为相互平行的直线，那么获取的有效应力系数是常数。

　　平移法是将两条不同围压下的渗透率与孔隙流体压力曲线，或者两条不同孔

隙流体压力下的渗透率与围压的曲线沿相同坐标轴平行移动至重合，不同围压或不同孔隙流体压力之间的差值分别为 δp_c 与 δp_f，平移距离分别是 δp_f 或 δp_c，这样就可以由式 $\kappa=\delta p_c/\delta p_f$ 来计算有效应力系数。平移法得到的有效应力系数 κ 也为常数（Li et al.，2009a；Brace，1968）。Bernabé（1986）建立了渗透率与围压和孔隙流体压力的微分方程，并假定在某压力点附近很小范围内 κ 是常数，推导得到了有效应力系数 $\kappa=-(\delta k/\delta p_f)/(\delta k/\delta p_c)$；改变相同大小孔隙流体压力或者围压，以此来测渗透率的变化量，那么 $\kappa=-\delta k_f/\delta k_c$，这也是对微分法的完善；或者改变孔隙流体压力 δp_f 和围压 δp_c 使得渗透率变化值相等，那么 $\kappa=-\delta p_c/\delta p_f$，这与（$p_f$, p_c）平面图上渗透率等值线的斜率相等，这是平移法的理论基础。同时，Bernabé（1986）将 Walsh 公式修正为 $k^n=A\log(p_c)+B$（$0<n\leqslant1/3$，n 是与孔隙流体压力相关的系数）从而完善了交绘图法。Bernabé（1986）用这两种方法分析了裂缝花岗岩渗透率实验数据和 Todd 的花岗岩纵波速度实验数据（Todd et al.，1972），发现 κ 随围压的增加而减小，随孔隙流体压力的增加而增加。然而，每个实验点测试质量对由微分法计算的 κ 影响较大。随围压的增加，交绘图法对渗透率的拟合误差增加，κ 的计算误差也增加。此后，Warpinski 和 Teufel（1992）用响应面方法分别获取了碳酸盐岩和低渗砂岩在整个测试压力范围内，渗透率和体应变与围压和孔隙流体压力的函数关系。结合 $\kappa=-(\delta k/\delta p_f)/(\delta k/\delta p_c)$，计算得到碳酸盐岩体应变对应的有效应力系数变化范围较小，有效应力可视为线性的，砂岩的体应变对应的有效应力系数为 0.6～1.0；而碳酸盐岩和低渗砂岩 κ 的变化范围较大，为 0.55～1.1，有效应力是非线性的，遗憾的是他们将其归结为实验误差。

响应面法的优点在于最大限度地保证了 κ 沿测点路径变化的连续性，在整个实验测试范围内，基本上不会因测试路径上数据质量问题而造成 κ 值上下波动。李闽等（2009b）也采用响应面法分析了含微裂缝低渗砂岩的有效应力实验数据，发现每块岩样的 κ 随围压和孔隙流体压力的变化而变化（0～1.23），有效应力表现出明显的非线性特征；Li 等（2013）和肖文联等（2012）基于有效应力的定义和响应面法提出了响应面割线系数法，计算得到岩样在不同恒定孔隙流体压力循环围压下，有效应力与渗透率几乎完全重合在一起，论证得到了有应用意义的非线性有效应力。

基于有效应力系数实验测试结果发现，花岗岩有效应力系数实验值为 0.43～1.2，除了 Bernabé 观察到了变化的 κ 值，其余岩心都是常数且主要特征是 $\kappa=1$。泥页岩的有效应力系数特征与花岗岩的主要特征一致，即 $\kappa=1$。砂岩有效应力系数的变化特征比较复杂：①κ 为 0～7.1，比花岗岩和泥页岩的变化范围更大；②渗透性较好砂岩的 κ 是常数，当岩石含有黏土矿物时，$\kappa>1$，当岩石不含黏土矿物时，$\kappa<1$；③低渗砂岩有效应力系数有些表现为常数，且 κ 值比渗透性好的砂岩的 κ 值大，另外一些则是围压和孔隙流体压力的函数，且变化范围较大，一般为 0～1。鲕粒灰岩的有效应力系数也是围压和孔隙流体压力的函数，其值一般大于 1。

　　进一步分析发现如下结论：①不同类型岩石表现出不一样的有效应力系数；砂岩的 κ 值变化最为复杂，这可能与砂岩复杂的矿物组成和孔隙结构类型等有关，而对于性质更加稳定的花岗岩，有效应力系数基本等于 1。②不含黏土矿物时，有效应力系数基本小于1；在含有高岭石和混层矿物（伊/蒙混层和绿/蒙混层）的砂岩中，常观察到 κ 大于1的情况；而对于含伊利石的砂岩，κ 值往往小于1。③实验流体不管是液体还是气体，对花岗岩有效应力系数没有影响；而对于含黏土矿物的砂岩，当使用液体作为实验介质时，有效应力系数基本上是常数，且大于1；有效应力系数是应力函数的特征，一般出现在气体作为实验流体的低渗砂岩中；对于不含黏土矿物的砂岩，即使采用液体作为实验流体，与人造岩心的 κ 值一样，都小于1。④应力滞后效应对有效应力系数影响较大。Bernabé（1986）在实验之前没有对岩心进行老化处理，结果发现加载过程（有效应力增加）与卸载过程（有效应力降低）所对应的 κ 值有明显差异。Kranz 等（1979）发现随裂缝面粗糙度增加，滞后效应的影响越来越显著。Warpinski 和 Teufel（1992）在实验前对岩心进行了"老化处理"，滞后效应对 κ 的影响相对于 Bernabé 的观察结果已经得到了明显的改善；李闽等（2009）增加了"老化处理"的时间，得到的结果表明基本上可以忽略滞后效应的影响。⑤平移法、最初的微分法和交绘图法得到的 κ 都是常数，完善的微分法和交绘图法以及响应面方法得到的 κ 不是常数。Walsh（1981）用最初的交绘图法分析 Kranz 等（1979）的实验数据得到了与最初微分法不一样的结果；郑玲丽等（2008）在完善响应面方法的基础上分析了 Bernabé 的花岗岩数据，克服了单点测试误差对完善微分法的影响和拟合误差对完善交绘图的影响，且计算结果符合有效应力的概念。

　　影响有效应力系数大小的内在因素有岩石的矿物组成、孔隙结构和黏土矿物类型等，这些属于岩石的固有属性。在研究有效应力系数的过程中应加强微观分析，寻找有效应力系数和有效应力与微观孔隙结构特征参数之间的关系，深化对有效应力规律成因的认识。影响有效应力系数大小的外在因素包括采用的实验流体介质、岩心处理方法（如增加老化处理环节）和数据处理方法等。实验流体采用气体可以避免液体与岩石间发生物理化学反应造成的岩石性质的变化，使岩石性质更加稳定。实验之前通过有效的"老化处理"（例如延长老化处理时间和增加老化的回路数等）克服应力滞后效应影响。不同的有效应力计算方法具有不同的特点，这导致即使对相同岩心数据进行分析也将得到不一样的结果。根据前面的对数据研究方法的分析可以发现，响应面方法对实验数据分析效果最好。实际上，这些方法都是基于 $\kappa=-(\delta k/\delta p_f)/(\delta k/\delta p_c)$ 来计算有效应力系数。对比分析 Bernabé（1987）在 $(p_f,\ p_c)$ 平面上的渗透率等值曲线形态可以发现（陈丽华，1990），这些方法获取的 κ 等于 $(p_f,\ p_c)$ 平面图上对应压力点处渗透率等值线切线的斜率，Bernabé 称之为切线有效应力系数 κ_t，对应的有效应力是切线有效应力。按照 $(p_f,$

p_c）平面上渗透率等值线的变化形态分析，只有当渗透率等值线是直线时，切线有效应力才有实际意义；如果渗透率等值线是一向上凹的曲线，那么现有方法得到的有效应力此时不满足有效应力的基本定义。

3.2　实验测试技术

3.2.1　实验装置

渗透率有效应力研究需要长时间在高围压和高孔隙流体压力下测定岩石的渗透率。岩石稳态法渗透率有效应力测试装置如图 3-1 和图 3-2 所示，该装置由三大主体和三大模块组成。三大主体包括：高压气源生成部分（主要是气源、增压泵和中间容器）、岩心夹持器部分（配套有围压控制系统）和回压控制部分。三个模块包括：压力测试模块、温度测试模块和流量测试模块。在以往渗透率测试装置的基础上，改进与完善了高压气源生成部分和回压控制部分，以及渗透率的测试方法。

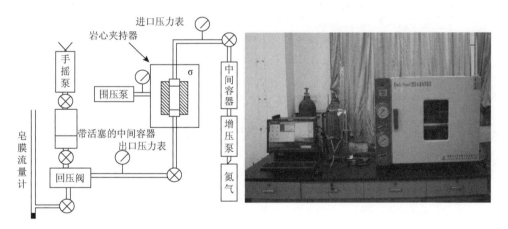

图 3-1　实验装置流程图　　　　　　　　　　图 3-2　实验装置

较一般渗透率测试装置而言，该装置具有以下特点。首先，在增压泵上增加电子控制系统，控制产生的高压气体更加稳定地输入中间容器，保证高压气体稳定地通过实验岩心。其次，用针形节流阀作为回压控制器，克服了以往回压控制器中使用金属膜片容易变形且变形后难以恢复，以及聚四氟乙烯回压阀开启压力高、维护复杂、回压不能保持稳定等缺陷，从而实现对压力进行稳定控制，并且适应性强；同时，针形节流阀技术成熟、操作方便、价格便宜。最后，在数据采集系统中，强化数据的实时采集与图形化，同时判定实验过程压差下的流体流态，以保证在合理的压差下测试岩石的渗透率。此外，该装置满足在不同围压（0～90MPa）、孔隙流体压力（0～60MPa）、温度（0～125℃）条件下测试直径小于 2.54cm 和长度为 30～65cm 的岩样渗透率。实验流体采用氮气，这可避免化学反应和毛管压力对渗透率的影响。如无特殊要求，建议在研究岩石的渗透率有效应力时最好采用氮气。

稳态法测定岩石渗透率时，要记录每个压力点（p_c, p_f）在时间 t 内流经岩心的流量 q_0，以及此时岩心入口端压力 p_1、出口端压力 p_2、大气压力 p_0 和温度 T。取 p_1 和 p_2 的平均值作为对应的孔隙流体压力 p_f，再查表（JSME Data Book，2000）计算对应温度和压力下气体的黏度 μ。将记录参数和查表得到的计算参数代入如下气体渗透率计算公式（何更生等，2011）：

$$k = \frac{4q_0 p_0 \mu l}{5\pi d^2 (p_1^2 - p_2^2)} \tag{3-1}$$

其中，k——渗透率，10^3mD；

　　　　p_0、p_1、p_2——压力，MPa；

　　　　q_0——流量，10^{-6}m^3/s；

　　　　μ——黏度，mPa·s；

　　　　l——实验之前测得的岩心长度，10^{-2}m；

　　　　d——实验之前测得的岩心直径，10^{-2}m。

3.2.2　实验方案

在渗透率测试过程中，应力滞后效应通常比较显著（Bernabé，1986；1987；1988），并且使得测试结果变化较大，因此在实验之前对岩样进行老化处理是必要环节之一，这可能将影响实验的成败。本书设计了以下两种实验方案（以最大围压和最大孔隙流体压力分别 52MPa 和 25MPa 为例）。

1. 方案 I

参照行业标准（2002），老化实验的流程是保持岩心入口端压力为 5MPa 下加载和卸载围压，然后将围压和孔隙流体压力增加到实验设定的初始压力值，并稳定 24 小时。具体实验步骤如下

（1）将围压增加到 7MPa，然后增加孔隙流体压力达到 5MPa，并稳定 24 小时；

（2）保持岩心入口端压力 5MPa 不变，缓慢增加围压依次为 7MPa、12MPa、17MPa、22MPa、27MPa、32MPa、37MPa、42MPa、47MPa、52MP；每个测点压力和流量持续至稳定，测得岩样的渗透率；

（3）再缓慢依次减小围压，压力点为 52MPa、47MPa、42MPa、37MPa、32MPa、

27MPa、22MPa、17MPa、12MPa、7MPa；每个测点压力和流量持续至稳定，测定岩样的渗透率。

（4）重复步骤（2）～（3），直到测定每个回路渗透率稳定为止。

上述步骤结束之后，紧接着增加围压和孔隙流体压力到实验设定的初始值（围压 12MPa 和孔隙流体压力 10MPa），并稳定 24 小时。然后，根据设计的渗透率有效应力实验方案进行实验（图 3-3（a））。

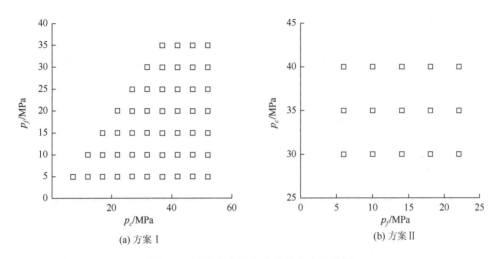

(a) 方案 I　　　　　　　　　　(b) 方案 II

图 3-3　渗透率有效应力实验方案设计图

实验具体步骤如下：

（1）围压和孔隙流体压力的初始值分别是 12MPa 和 10MPa。保持岩心入口端压力 10MPa 不变，逐步增加围压，围压的增序为 12MPa、17MPa、22MPa、27MPa、32MPa、37MPa、42MPa、47MPa、52MP；然后逐步降低围压，围压的降序为 52MPa、47MPa、42MPa、37MPa、32MPa、27MPa、22MPa、17MPa、12MPa；确定每个应力状态下岩心中的流动满足层流条件，同时在压力和流量稳定下重复测试至少 5 次，取 5 次测试值的均值作为该压力点的渗透率。

（2）增加围压和孔隙流体压力值分别到 17MPa 和 15MPa，并稳定 24 小时。保持岩心入口端压力 15MPa 不变，逐步增加围压，围压的增序为 17MPa、22MPa、27MPa、32MPa、37MPa、42MPa、47MPa、52MP；然后逐步降低围压，围压的降序为 52MPa、47MPa、42MPa、37MPa、32MPa、27MPa、22MPa、17MPa；确定每个压力状态下岩心中的流动满足层流，同时在压力和流量稳定下重复测试至少 5 次，取 5 次测试值的均值作为该压力点的渗透率。

（3）增加围压和孔隙流体压力值分别到 22MPa 和 20MPa，并稳定 24 小时。保持岩心入口端压力 20MPa 不变，逐步增加围压，围压的增序为 22MPa、27MPa、

32MPa、37MPa、42MPa、47MPa、52MP；然后逐步降低围压，围压的降序为 52MPa、47MPa、42MPa、37MPa、32MPa、27MPa、22MPa；确定每个压力状态下岩心中的流动满足层流，同时在压力和流量稳定下重复测试至少 5 次，取 5 次测试值的均值作为该压力点的渗透率。

（4）增加围压和孔隙流体压力值分别到 27MPa 和 25MPa，并稳定 24 小时。保持岩心入口端压力 25MPa 不变，逐步增加围压，围压的增序为 27MPa、32MPa、37MPa、42MPa、47MPa、52MP；然后逐步降低围压，围压的降序为 52MPa、47MPa、42MPa、37MPa、32MPa、27MPa；确定每个压力状态下岩心中的流动满足层流，同时在压力和流量稳定下重复测试至少 5 次，取 5 次测试值的均值作为该压力点的渗透率。

（5）增加围压和孔隙流体压力值分别到 32MPa 和 30MPa，并稳定 24 小时。保持岩心入口端压力 25MPa 不变，逐步增加围压，围压的增序为 32MPa、37MPa、42MPa、47MPa、52MP；然后逐步降低围压，围压的降序为 52MPa、47MPa、42MPa、37MPa、32MPa；确定每个压力状态下岩心中的流动满足层流，同时在压力和流量稳定下重复测试至少 5 次，取 5 次测试值的均值作为该压力点的渗透率。

（6）增加围压和孔隙流体压力值分别到 37MPa 和 35MPa，并稳定 24 小时。保持岩心入口端压力 25MPa 不变，逐步增加围压，围压的增序为 37MPa、42MPa、47MPa、52MP；然后逐步降低围压，围压的降序为 52MPa、47MPa、42MPa、37MPa；确定每个压力状态下岩心中的流动满足层流，同时在压力和流量稳定下重复测试至少 5 次，取 5 次测试值的均值作为该压力点的渗透率。

2. 方案 Ⅱ

依照李闽的方案（2009），设计了方案 Ⅱ（图 3-3（b））。该方案的老化实验是按照行业标准（2002）的变围压实验设计完成（与方案 Ⅰ 老化实验的区别在于孔隙流体压力基本接近大气压，围压的增加和降低点与方案 Ⅰ 相同），并将围压和孔隙流体压力增加为设定的初始值，并稳定 24 小时；接下来保持围压不变，先按照设计压力点降低孔隙流体压力直到设定的最小孔隙流体压力，然后沿降低的孔隙流体压力点逐渐增加孔隙流体压力；再按照设计降低围压，完成孔隙流体压力降低和增加这一循环过程，直到完成所有的测试点；每个压力点的测试要求与方案 Ⅰ 一样。

方案 Ⅰ 是在不同的孔隙流体压力下，增加和降低围压时测定岩石的渗透率，进而获取渗透率和围压与孔隙流体压力的变化关系；而方案 Ⅱ 是在不同的围压下，降低和增加孔隙流体压力时测定岩石的渗透率。实验中的压力都是依据岩心所在储层的压力条件来设计。根据相似储层岩石克氏系数（李闽等，2009a），估算了实验岩心在孔隙流体压力为 5MPa 条件下克氏效应带来的误差是 0.1%～0.5%，这远小于 10%（Warpinski 等，1992），因此对数据分析时忽略了克氏效应对渗透率的影响。

将上述方案Ⅰ或者方案Ⅱ用于 14 块砂岩岩样（表 3-2）中进行测试，其中 D8-12 和 D141-7 进行了重复性实验，075597 和 075516 在方案Ⅱ的基础上，增加了三个围压下不同孔隙流体压力时的渗透率测试过程。

表 3-2　实验岩样层位、深度、渗透率和孔隙度

序号	岩样	系	组	层段	深度/m	孔隙度/%	渗透率/mD	实验方案
1	D47-6#				2389.74	8.95	0.370	—
2	S4*				2418.02	5.48	0.198	—
3	S8*			S_1	2419.45	2.42	0.206	—
4	S10*				2422.35	10.92	0.551	—
5	DT1-8		山西组		2837.50	11.14	0.598	Ⅰ
6	D141-7				2902.80	6.71	0.258	Ⅰ
7	D8-10				2630.94	3.91	0.120	Ⅰ
8	D8-12			S_2	2633.15	2.63	0.114	Ⅰ
9	D8-15#	二叠系			2637.65	10.59	0.617	Ⅰ
10	D13-4				2704.15	6.48	1.430	Ⅱ
11	D8-9#				2615.23	16.49	0.371	—
12	D24-2			H_1	2668.50	12.03	0.543	Ⅱ
13	D24-4				2674.71	9.48	0.191	Ⅰ
14	D24-7#		石盒子组		2681.51	7.30	0.203	—
15	D66-3#				2545.05	15.43	1.830	—
16	D15-1#			H_3	2649.57	7.99	0.539	—
17	D15-2				2650.58	6.88	0.116	Ⅰ
18	DK13-6				2667.82	11.76	1.280	Ⅱ
19	DK22-2#				2722.10	6.36	0.357	—
20	DK22-8	石炭系	太原组	T_2	2732.30	9.12	0.479	Ⅱ
21	D23-1#				2781.19	5.92	0.130	—
22	D23-8				2790.56	4.84	0.139	Ⅰ
23	HH103-3+	三叠系	延长组	T_3y	2049.05	8.25	0.277	—
24	ZJ20-18+				2207.73	9.66	0.362	—

序号	岩样	系	组	层段	深度/m	孔隙度/%	渗透率/mD	实验方案
25	MJ5515	侏罗系	蓬莱镇组	JP₂	1563.74	8.25	0.277	I
26	075597				1497.36	13.99	0.271	II
27	075516				1564.79	11.62	0.246	II

备注:"#"所示岩样来至李闽(2009),"*"所示岩样来至肖文联(2009),"+"所示岩样来至丁艳艳(2011),其余未标示岩样为最新渗透率有效应力实验岩样

3.3　实验数据分析方法

渗透率有效应力的计算在于有效应力系数的确定。前面已经分析到割线系数 κ_s 才是符合计算且有物理意义的有效应力系数,因此确定了割线系数,便可以计算渗透率有效应力。图 1-1 表明,测试过程中如果能在不同的围压和孔隙流体压力的组合下保持渗透率不变,那么可以直接通过实验确定有效应力以及有效应力与围压和孔隙流体压力的关系,然而在测试过程中很难保持渗透率不变。因此,一般是先计算得到有效应力系数,然后确定对应的有效应力。

根据 Warpinski 和 Teufel(1992)、李闽等(2009)计算切线系数 κ_t 的方法(即用响应面法处理实验数据,建立渗透率与围压和孔隙流体压力的关系,然后结合方程(2-3)计算切线系数 κ_t),用响应面法建立渗透率与围压和孔隙流体压力的函数,然后得到渗透率等值线图,进而计算割线系数 κ_s,最后评价计算结果。具体计算 κ_s 的步骤如下。

(1)建立渗透率与围压和孔隙流体压力的经验关系。Warpinski 和 Teufel(1991)是最早采用响应面法来研究测试得到的渗透率与围压和孔隙流体压力的关系。这种方法考虑了各种测量变量的随机误差,通过引入转换系数 λ,使计算值与实验值偏差的联合概率密度趋于极大值,残差平方和最小,因此,最大限度地提高了模型计算值与不同围压和孔隙流体压力下实测值的拟合精度(汪荣鑫,2004;Box 等,1987)。郑玲丽等(2008)详细地叙述了 λ 的确定方法,这里不再赘述。研究表明(李闽等,2008、2009、2009b;Warpinski et al,1991;郑玲丽等,2008、2009),可以采用下面的经验关系模型建立测试渗透率与围压和孔隙流体压力之间的关系:

$$\frac{k^{\lambda}-1}{\lambda} = a_1 + a_2 p_c + a_3 p_f + a_4 p_c^2 + a_5 p_c p_f + a_6 p_f^2 \tag{3-2}$$

其中,λ——转换系数,取值为 $-3 \sim +3$;

a_1、a_2、a_3、a_4、a_5、a_6——拟合系数。

用实验测试点的渗透率值与对应压力点拟合渗透率值的相对误差(便于对比,取相对误差绝对值的均值),以及渗透率回归均方和渗透率误差均方的比值 F 评

价拟合效果的好坏，Box 等（1987）认为计算的 F 值大于或等于 10 倍的查表 F 值（分布数一般取 95%）才能保证拟合效果。

（2）绘制渗透率等值曲线图。可用方程（3-2）计算某个已知围压和孔隙度流体压力测点的渗透率。固定这个渗透率值，并给定一孔隙流体压力，这时方程（3-2）中的 k、λ 和 p_f 都已知，只剩一个未知数 p_c。通过求解一元二次方程，得到两个解，去除不在实验范围内的 p_c。每给一个 p_f，就可以计算得到一个 p_c。将孔隙流体压力和围压计算点连接起来，就可以在（p_f，p_c）图中得到该渗透率的等值线。所有的测点采用同样的方法就可以得到每个测点的渗透率等值线。

（3）计算割线有效应力系数 κ_s。可以用方程（1-10）计算 κ_s，但当用气体测量时若压力太低低渗岩样会产生克氏效应（唐雁冰，2012），随着压力的降低，测量误差会大大增加，加大了问题的分析难度，所以只能在测试时尽量靠近孔隙流体压力为零的测点。可以采用外推孔隙流体压力来近似确定 M 点的 p_c，外推的孔隙流体压力不能太小，李闽等（2009）认为在测试压力范围很宽且在测试压力范围内的预测结果是可靠的，而在测试的压力范围外预测的结果的可靠性会降低。根据我们的经验，只要实验的孔隙流体压力足够小，实际计算时用方程（3-2）外推孔隙流体压力 0.5MPa，对应的围压 p_c 作为 M 点的围压，这样就可以用方程（1-10）计算 κ_s。在分析过去的一些实验数据时，有些实验的孔隙流体压力特别大，这时仍可以采用方程（3-2）外推孔隙流体压力至计算得到 p_c 开始增加时的值作为 M 点的围压。计算时要在外推的压力范围内多计算几个点，这样可以对比不同的孔隙流体压力对应的围压，避免出现孔隙流体压力降低而围压增加的情况。

（4）有效应力计算。得到每个测点的 κ_s 后，就可以根据方程（1-10）计算每个测点的有效应力。如果前面计算得到的 κ_s 不是常数且变化范围很大，那么计算得到的有效应力是非线性有效应力；如果前面计算得到的 κ_s 是常数或者变化范围很小，那么计算得到的有效应力是线性有效应力。

由响应面法可以建立渗透率和围压与孔隙流体压力的关系式。用这一关系式就可结合方程（1-7）计算 κ_t，也可以用上面的方法计算 κ_s，再分别计算切线有效应力和割线有效应力。为了区分这二种方法，把前者称为"响应面切线系数法"，而后者称为"响应面割线系数法"。

3.4　典型岩石的渗透率有效应力测试

3.4.1　岩样基本物性

除了按照前述方案Ⅰ和方案Ⅱ测试的 14 块砂岩之外，还分析了 13 块砂岩的实验数据（肖文联，2009；李闽，2009；丁艳艳，2011），共计分析砂岩岩样 27 块，分别取至二叠系山西组（S$_1$ 段 6 块、S$_2$ 段 4 块）、二叠系石盒子组（H$_1$ 段 4 块样，H$_3$ 段 4 块）、石炭系太原组（T$_2$ 段 4 块）、三叠系延长组（T$_3$y 段 2 块）和侏罗系蓬莱镇组（JP$_2$ 段 3 块），基本参数和实验安排见表 3-2。27 块砂岩岩样的孔隙度的变化为 2.42%～16.49%，渗透率的变化为 0.114～1.830mD。

同时，还分析了 1 块低渗鲕粒灰岩、3 块微裂缝 Chelmford 花岗岩（Chelmford G、Chelmford R、Chelmford H）（Bernabé，1986）、4 块人造裂缝 Barre 花岗岩（Kranz 等，1979），其中包含裂缝面抛光岩心 1 块（Barre P），600 目砂纸磨裂缝面岩心 1 块（Barre 600），120 目砂纸磨裂缝面岩心 1 块（Barre120），张力断裂缝岩心 1 块（Barre T）（Ghabezloo et al.，2009）。

3.4.2　岩样微观特征

岩样的微观实验分析结果主要来源于铸体薄片分析结果、扫描电镜观察结果、压汞实验数据、X-衍射实验结果，以及激光扫描共聚焦显微镜实验结果（LSCM 实验），分析岩样的实验数据来源见表 3-3。

铸体薄片制备依据行业标准 SY/T 5913-2004（2004），薄片鉴定与分析依据行业标准 SY/T 5368-2000（2000）和 SY/T 5477-2003（2003）。本书分析了岩石的碎屑类型与组成、填隙物类型与组成、骨架颗粒结构特征、孔隙特征和成岩作用特征等（附表 B-1～附表 B-6）。根据《储集岩研究方法丛书——扫描电镜在石油地质上的应用》制备扫描电镜样品，并分析岩石孔隙特征、胶结物类型与分布的特征等。完成渗透率有效应力实验之后，分别选取部分岩样进行压汞、X-衍射和 LSCM 实验。压汞实验数据采集与分析按照标准 SY/T 5346-2005（2005），X-衍射实验依据标准 SY/T 6210-1996 得到黏土矿物的含量。LSCM 实验根据 Fredrich（1995）的方法获取了三维孔隙结构特征图（图 3-4～图 3-9），透明部分是岩石骨架，彩色部分表示孔隙；黏土矿物的颗粒直径低于设备的分辨率，因而无法准确获取其图像，其特征介于孔隙和岩石骨架之间，表示为偏向于蓝色部分。LSCM 实验依托美国麻省理工学院完成，其余实验均依托西南石油大学国家重点实验室完成。

表 3-3　岩石微观分析实验类型及实验安排

序号	岩样编号	铸体薄片分析	扫描电镜实验	压汞实验	X-衍射实验	LSCM 实验
1	D47-6	○	○	○	—	—
2	S4	○	○	○	—	—
3	S8	○	○	○	—	—
4	S10	○	○	○	—	—
5	DT1-8	○	○	—	○	—
6	D141-7	○	○	—	○	—

续表

序号	岩样编号	铸体薄片分析	扫描电镜实验	压汞实验	X-衍射实验	LSCM 实验
7	D8-10	○	○	—	○	○
8	D8-12	○	○	—	○	○
9	D8-15	○	○	—	—	—
10	D13-4	○	○	○	—	—
11	D8-9	○	○	○	—	—
12	D24-2	○	○	—	○	—
13	D24-4	○	○	—	○	—
14	D24-7	○	○	○	—	—
15	D66-3	○	○	○	—	—
16	D15-1	○	○	○	—	—
17	D15-2	○	○	—	○	○
18	DK13-6	○	○	—	—	—
19	DK22-2	○	○	○	○	—
20	DK22-8	○	○	—	○	—
21	D23-1	○	○	—	○	—
22	D23-8	○	○	—	○	○
23	HH103-3	○	○	—	○	—
24	ZJ20-18	○	○	—	○	○
25	MJ5515	○	○	—	○	—
26	075597	○	○	—	○	—
27	075516	○	○	—	○	—

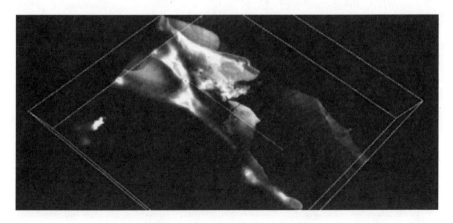

图 3-4　D23-8 岩心孔隙三维图像

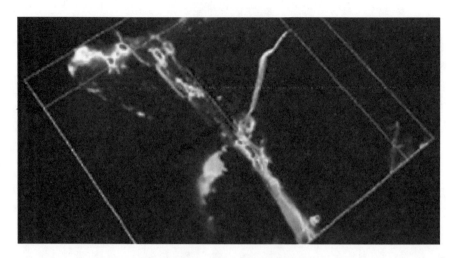

图 3-5　D8-12 岩心孔隙三维图像

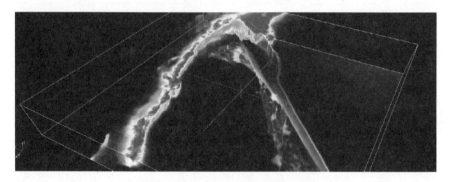

图 3-6　D8-10 岩心孔隙三维图像

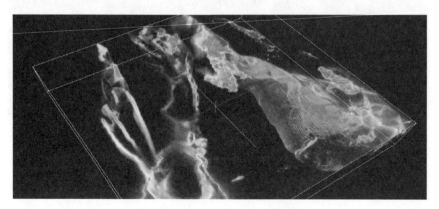

图 3-7　D15-2 岩心孔隙三维图像

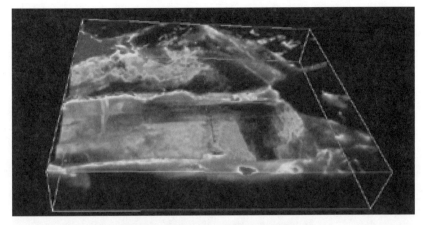

图 3-8　　ZJ20-18 岩心孔隙三维图像

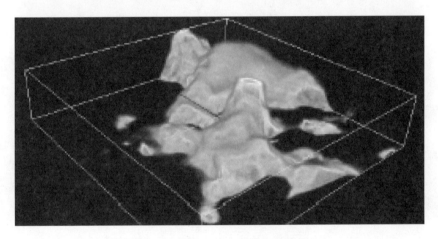

图 3-9　　MJ5515 岩心孔隙三维图像

　　实验分析结果表明，砂岩中陆源碎屑含量为 84%～97%，其中 17 块岩心的碎屑含量超过 90%。根据陆源碎屑类型及其百分数（见附表 A-1），得到实验岩心在砂岩分类三角图中的分布（图 3-10），砂岩类型有石英砂岩（图 3-11）、岩屑石英砂岩（图 3-12）、岩屑长石砂岩（图 3-13）、长石岩屑砂岩（图 3-14、图 3-15）和岩屑砂岩（图 3-16～图 3-18）。粒度统计发现，石英砂岩和岩屑石英砂岩以粗砂和巨砂的组合为主（图 3-11）；岩屑长石砂岩是细砂（图 3-13）；长石岩屑砂岩以细砂和极细砂组合为主（图 4-12）；岩屑砂岩跨越了巨砂、粗砂和中砂三个等级（图 3-16～图 3-18），部分岩心中含有砾石（图 3-16、图 3-17）。颗粒的分选性有好、中、差三个等级，其中以中等分选为主，颗粒分选性差的岩心是粗砂或巨砂砂岩（D23-1、D13-4 和 D24-2），颗粒分选性好的岩心是细砂或极细砂砂岩（ZJ20-18、MJ5515、075516 和 075597），具体见附表 A-5。

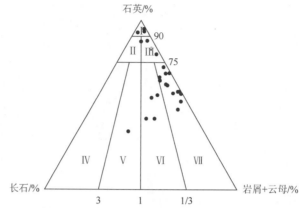

Ⅰ：石英砂岩；Ⅱ：长石石英砂岩；Ⅲ：岩屑石英砂岩；Ⅳ：长石砂岩；
Ⅴ：岩屑长石砂岩；Ⅵ：长石岩屑砂岩；Ⅶ：岩屑砂岩

图 3-10　砂岩分类三角图和实验分析砂岩

图 3-11　巨-粗砂石英砂岩（D23-1，正交偏光）

图 3-12　中砂岩屑石英砂岩（D141-7，正交偏光）

图 3-13　细砂岩屑长石砂岩（ZJ20-18，正交偏光）

图 3-14　细-中砂长石岩屑砂岩（HH103-3，正交偏光）

图 3-15　极细-细砂长石岩屑砂岩（MJ5515，　　图 3-16　砾质巨砂岩屑砂岩（S8，正交偏光）
　　　　　正交偏光）

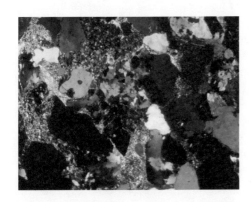

图 3-17　含砾粗砂岩屑砂岩（DT1-8，正交偏光）　图 3-18　粗-中砂砂岩屑砂岩（D8-10，正交偏光）

　　岩屑由硬质岩屑和软质岩屑组成。硬质岩屑的含量高于软质岩屑，以多晶石英岩屑、隐晶岩屑和砂岩屑最为普遍；软质岩屑以泥质岩屑和粉砂岩屑最为普遍，且含有一定数量的板岩屑和千枚岩屑。

　　其中，填隙物含量不超过 15%，包括泥质（图 3-19）、方解石（图 3-20）、石英加大与自生石英（图 3-21、图 3-22）、黏土矿物（高岭石如图 3-23 和图 3-24 所示，伊利石如图 3-25～图 3-27 所示，绿泥石如图 3-28 和图 3-29 所示，伊利石和高岭石如图 3-30 所示，绿泥石和高岭石如图 3-31 所示等），少数岩心中含白云石，其中泥质含量较高。相对应的，岩石中形成了（中或弱）方解石胶结、（强、中或弱）硅质胶结、（强、中或低）黏土矿物胶结，其中，硅质胶结物和方解石胶结物普遍存在，而黏土矿物胶结物主要有高岭石胶结物、伊利石胶结物、绿泥石胶结物、黏土矿物转化物胶结物（伊蒙混层或绿蒙混层），以及相互间的组合胶结物。不同砂岩以不同黏土矿物胶结物为主要特征。

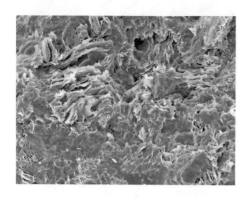

图 3-19　泥质（D47-6，扫描电镜）

图 3-20　方解石充填粒间孔（D15-2，正交偏光）

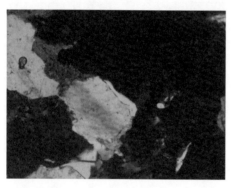

图 3-21　石英加大（D8-9，正交偏光）

图 3-22　自生石英和长石溶蚀孔（075597，扫描电镜）

图 3-23　高岭石和晶间孔（D15-1，扫描电镜）

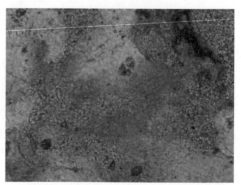

图 3-24　高岭石和高岭石溶蚀孔（D47-6，单偏光）

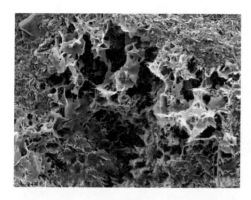

图 3-25　片状、丝状伊利石（S4，扫描电镜）

图 3-26　伊利石"净边"（D141-7，正交偏光）

图 3-27　丝状伊利石、粒缘微裂缝和残余粒间
　　　　孔（D141-7，扫描电镜）

图 3-28　绿泥石环边和残余粒间孔（MJ5515，
　　　　扫描电镜）

图 3-29　绿泥石环边和残余粒间孔（HH103-3，
　　　　单偏光）

图 3-30　伊利石和高岭石及溶蚀孔（DT1-8，
　　　　正交偏光）

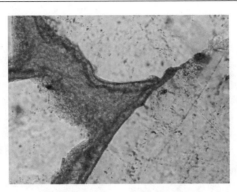

图 3-31　绿泥石环边和高岭石充填（D24-7，单偏光）

　　在石英砂岩或者岩屑石英砂岩中，黏土矿物胶结物以高岭石胶结物（D47-6、D8-15、D66-3、DK13-6 和 DK22-8，如图 3-24 所示）和黏土矿物转化物或者伊利石胶结为主（D141-7、D23-8、DK22-2 和 D23-1，如图 3-26 和图 3-27 所示）。岩屑砂岩的黏土矿物胶结物相对复杂，有的以伊利石胶结物为主（S4、S8 和 S10，如图 3-25 所示），有的以高岭石胶结物为主（D13-4、DT1-8、D8-9、D15-1 和 D15-2），有的以绿泥石胶结物为主（D24-4），有的以两种类型黏土矿物胶结物为主（以高岭石和黏土矿物转化物胶结物为主，如 D8-10 和 D8-12；以绿泥石、黏土矿物转化物胶结物为主，如图 3-31 所示），有的黏土矿物胶结物很少。长石岩屑砂岩和岩屑长石砂岩仅 MJ5515 是以绿泥石胶结为主（图 3-28），其余都是以两种黏土矿物胶结物为主——绿泥石和高岭石胶结物（HH103-3 和 ZJ20-18），以及绿泥石和黏土矿物转化物胶结物（075516 和 075597）。以绿泥石胶结物为主的岩心表现为薄膜-孔隙式胶结类型。

　　孔隙以次生孔（图 3-22～图 3-24、图 3-30、图 3-32～图 3-41）、原生孔（残余粒间孔，见图 3-27～图 3-29、图 3-32、图 3-40～图 3-44）和杂基孔（图 3-30、图 3-45）为主，微裂缝普遍存在（见图 3-27、图 3-32～图 3-37、图 3-40～图 3-42、图 3-45～图 3-47，以粒缘缝为主）。岩屑砂岩以次生孔和杂基孔为主，伴随一定的残余粒间孔（图 3-32、图 3-33、图 3-40、图 3-42）。其中，次生溶蚀孔以软质岩屑和杂基的溶蚀孔为主（图 3-34、图 3-45），部分岩心中见长石溶蚀孔（图 3-35）和粒间溶蚀孔，高岭石胶结物较多的岩心中还普遍观察到高岭石溶蚀孔（图 3-37、图 3-39）。石英砂岩或者岩屑石英砂岩以原生孔和次生孔为主，其中，次生溶蚀孔以软质岩屑和杂基的溶蚀孔为主，部分岩心中长石溶蚀孔和粒间溶蚀孔发育（图 3-36、图 3-41），高岭石胶结物较多的岩心中还普遍观察到高岭石溶蚀孔（图 3-38）。岩屑长石砂岩或长石岩屑砂岩以次生孔和原生孔为主（图 3-43、图 3-44），其中，次生溶蚀孔以长石的溶蚀孔为主（图 3-22），伴随杂基溶蚀孔、岩屑溶蚀孔、粒间溶蚀孔和云母溶蚀孔。极细-细砂长石岩屑砂岩中一种拉长状贴粒孔发育（图 3-44、图 3-45）；以高岭石胶结物为主的粗砂石英砂岩或者岩屑砂岩高岭石溶蚀孔发育，孔隙连通性较好（图 3-38、图 3-39）。

图 3-32　粒内溶孔、残余粒间孔和粒缘微裂缝
　　　　　（S4，扫描电镜）

图 3-33　岩屑溶蚀孔和微裂缝（S8，单偏光）

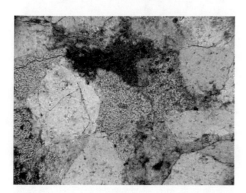

图 3-34　岩屑溶蚀孔和微裂缝（D8-10，单偏光）

图 3-35　长石溶蚀孔和微裂缝（D8-12，单偏光）

图 3-36　岩屑溶蚀孔和微裂缝（D23-1，
　　　　　单偏光）

图 3-37　岩屑和高岭石溶蚀孔、微裂缝
　　　　　（D13-4，单偏光）

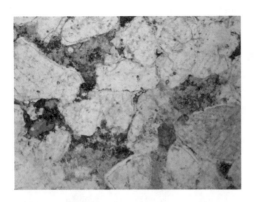

图 3-38　岩屑和高岭石溶蚀孔（DK13-6，石
英砂岩，单偏光）

图 3-39　高岭石溶蚀孔（D15-1，岩屑砂岩，
单偏光）

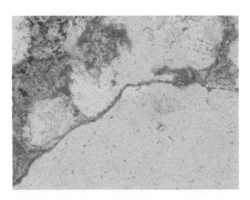

图 3-40　溶蚀孔、粒间孔和粒缘缝（D24-4，
单偏光）

图 3-41　长石、岩屑和粒间溶蚀孔与微裂缝
（D66-3，单偏光）

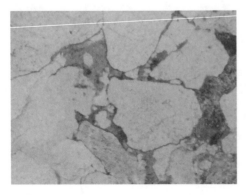

图 3-42　粒间孔和粒缘缝（D24-2，单偏光）

图 3-43　粒间孔、绿泥石环边和高岭石充填孔
隙（ZJ20-18，单偏光）

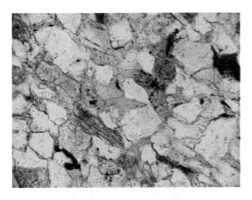

图 3-44　残余粒间孔和拉长贴粒孔发育
（MJ5515，单偏光）

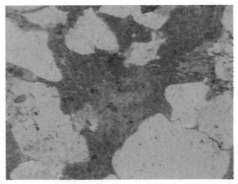

图 3-45　杂基溶孔和压溶缝（DT1-8，单偏光）

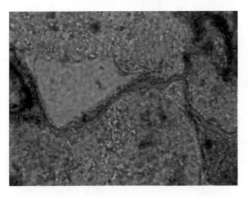

图 3-46　粒缘微裂缝（ZJ20-18，单偏光）

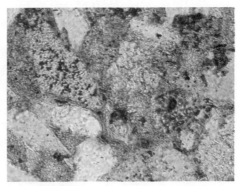

图 3-47　拉长状的贴粒孔发育（075597，单偏光）

同时，分析毛细管压力曲线发现孔隙结构有以下特征。①岩心门槛压力低
（0.1～0.3MPa）、孔隙分选性差且偏向于粗歪度（见于巨砂砂岩，如 S4、S8、S10，
见图 3-48）。②岩心门槛压力高（大于 0.7MPa），孔隙分选性好且偏向于细歪度（见
于中砂长石岩屑砂岩和细砂岩屑长石砂岩，如 HH103-3 和 ZJ20-18，见图 3-49）。
③门槛压力为 0.4～0.5MPa，孔隙分选性差且偏向于细歪度（粗砂岩屑砂岩如
D8-9 和 D24-7，见图 3-50）或孔隙分选性差且偏向于粗歪度（以黏土矿物转化
物为主的石英砂岩或以高岭石胶结物为主且发育有微裂缝的岩屑砂岩，如
D23-1、DK22-2、D13-4，见图 3-51），及分选性好且中等歪度（以高岭石胶结
物为主的粗砂岩屑砂岩或石英砂岩，如 D15-1、D47-6 和 D8-15，见图 3-52）。
渗透率贡献图表明门槛压力附近的孔隙对渗透率的贡献最大（图 3-48～图 3-52）；
通过 LSCM 实验得到的 3D 图像给出了岩心三种典型的孔隙结构特征，可发现连
通性不好且类似于裂缝的孔隙（如 D23-8、D8-10、D8-12，见图 3-5）、连通性

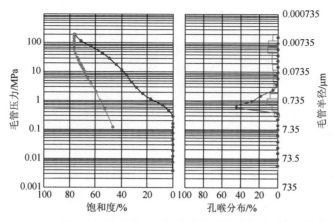

图 3-48　S8 毛细管压力曲线、孔隙吼道分布曲线和渗透率贡献曲线

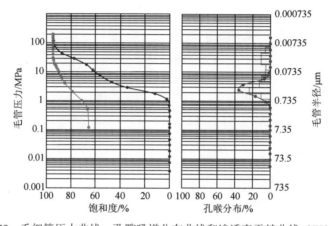

图 3-49　毛细管压力曲线、孔隙吼道分布曲线和渗透率贡献曲线（ZJ20-18）

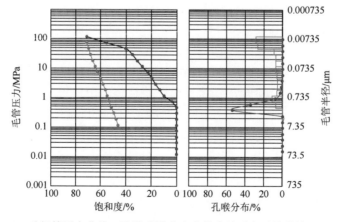

图 3-50　毛细管压力曲线、孔隙吼道分布曲线和渗透率贡献曲线（D24-7）

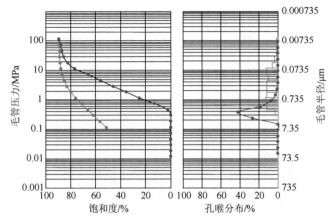

图 3-51　毛细管压力曲线、孔隙吼道分布曲线和渗透率贡献曲线（D13-4）

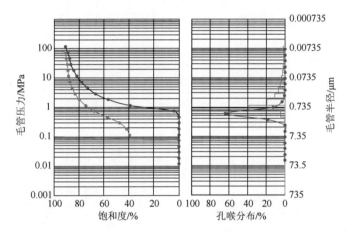

图 3-52　毛细管压力曲线、孔隙吼道分布曲线和渗透率贡献曲线（D15-1）

较好且孔隙发育（如 ZJ20-18、MJ5515，见图 3-9）和鉴于这两者之间的孔隙发育（如 D15-2，见图 3-7）。

　　27 块砂岩成岩顺序鉴定结果表明（表 3-4），岩样首先基本都经历了强烈的压实作用；在成岩后期都经历了溶蚀作用对孔隙的改造。对于石英砂岩，期间主要经历"硅质胶结→方解石胶结→黏土矿物胶结（高岭石胶结和黏土矿物转化胶结）"。对于岩屑石英砂岩，除了 D66-3 和 D23-8 之外，其余岩心所经历的成岩顺序与石英砂岩相似。岩屑砂岩的成岩作用相对复杂，既有石英砂岩的成岩特征，又有岩屑石英砂岩的成岩特征；与此同时，岩屑砂岩的骨架颗粒都在中砂以上。长石岩屑砂岩和岩屑长石砂岩的成岩作用最复杂，期间中等强度的绿泥石胶结是一个典型特征，黏土矿物的类型也最多，颗粒的大小都在中砂以下，并且，岩屑长石砂岩经历了两次硅质胶结。

表 3-4　岩性和成岩顺序

序号	岩样编号	岩性	成岩顺序
1	D47-6	巨-粗砂岩屑石英砂岩	压实（强）→石英加大（弱）→方解石胶结、交代（中等）→高岭石胶结（中）→溶解（强）
2	S4	含砾粗-巨砂岩屑砂岩	—
3	S8	砾质巨砂岩屑砂岩	—
4	S10	巨砂岩屑砂岩	—
5	DT1-8	含砾粗砂岩屑砂岩	压实（中）→硅质胶结（弱）→长石高岭石化（强）→高岭石充填粒间（强）→溶解（中）
6	D141-7	中砂岩屑石英砂岩	压实（强）→硅质胶结（中等）→方解石、白云石胶结、交代（中等）→黏土矿物转化（中）→硅质胶结（中等）→溶解（中）
7	D8-10	粗-中砂岩屑砂岩	压实（强）→硅质胶结（中）→方解石交代（弱）→黏土矿物转化（中）→长石高岭石化（中）→高岭石胶结（中）→溶解（弱）
8	D8-12	粗-中砂岩屑砂岩	压实（强）→硅质胶结（中）→方解石交代（弱）→黏土矿物转化（中）→高岭石胶结（强）→溶解（弱）
9	D8-15	巨-粗砂岩屑石英砂岩	压实（强）→硅质胶结（中）→方解石、白云石胶结、交代（弱）→长石高岭石化（强）→高岭石充填粒间孔（强）→溶解（中）
10	D13-4	粗-巨砂粒岩屑砂岩	压实（强）→硅质胶结（中）→方解石、白云石胶结、交代（弱）→长石高岭石化（强）→高岭石充填粒间孔（强）→有机质状充填→溶解（中）
11	D8-9	含砾巨-粗砂岩屑砂岩	压实（中）→石英加大（弱）→方解石胶结、交代（中等）→高岭石胶结（中）→溶解（中）
12	D24-2	巨-粗砂岩屑砂岩	压实（强）→硅质胶结（弱）→方解石胶结（中）→溶解（中）→自生微晶石英（弱）
13	D24-4	含砾中-粗砂岩屑砂岩	压实（强）→绿泥石胶结（中）→硅质胶结（中）→有机酸溶解（中等）→自生石英（中）→溶解。
14	D24-7	粗-中砂岩屑砂岩	压实（中等）→绿泥石胶结（中）→硅质胶结（弱）→黏土矿物转化（中）→溶解（强）
15	D66-3	粗-巨砂粒岩屑石英砂岩	压实（强）→绿泥石胶结（中）→硅质胶结（强）→高岭石充填粒间孔（中）→溶解（强）
16	D15-1	含砾巨-粗砂岩屑砂岩	压实（强）→石英加大、自生微晶石英（中等）→方解石胶结、交代（弱）→长石高岭石化（强）→高岭石胶结（强）→溶解（中等）
17	D15-2	含砾中-粗砂岩屑砂岩	压实（强）→硅质胶结：第1期石英加大（强）→方解石胶、交代（弱）→长石高岭石化（强）→高岭石充填粒间孔（强）→溶解（弱）
18	DK13-6	中-粗砂石英砂岩	压实（强）→石英加大（中）→方解石胶结（弱）→高岭石胶结（强）→自生微晶石英（弱）→溶解（中）
19	DK22-2	巨-粗砂石英砂岩	压实（强）→硅质胶结（弱）→方解石交代（弱）→黏土矿物转化（中）→溶解（中等）
20	DK22-8	巨-粗砂石英砂岩	——

续表

序号	岩样编号	岩性	成岩顺序
21	D23-1	巨-粗砂石英砂岩	压实（强）→石英加大、自生微晶石英（中等）→方解石胶结、交代（中等）→黏土矿物转化（中）→溶解（中等）。
22	D23-8	巨-粗砂岩屑石英砂岩	压实（强）→硅质胶结：第 1 期石英加大（强）→溶解→黏土矿物转化（中）→自生微晶石英（第二期，发育程度为弱）
23	HH103-3	细-中砂长石岩屑砂岩	压实（强）→石英加大（中）→绿泥石胶结（中）→自生微晶石英胶结（中）→方解石胶结、交代（中等）→黏土矿物转化（中）→溶解（弱）→高岭石胶结（强）
24	ZJ20-18	细砂岩屑长石砂岩	第一期硅质胶结（弱）→压实（强）→绿泥石胶结（中）→第二期硅质胶结（弱）→方解石胶结、交代（中等）→高岭石充填粒间孔（强）→溶解（弱）
25	MJ5515	极细-细砂长石岩屑砂岩	压实（强）→第一期硅质胶结（弱）→绿泥石胶结（中）→自生微晶石英（中）→方解石、白云石胶结、交代（（弱）等）→溶解（强）
26	075597	极细-细砂长石岩屑砂岩	压实（强）→绿泥石胶结（中）→硅质胶结（弱）→方解石、白云石胶结、交代（中等）→黏土矿物转化（中）→溶解（中）。
27	075516	极细-细砂长石岩屑砂岩	压实（强）→绿泥石胶结（中）→硅质胶结（弱）→方解石、白云石胶结、交代（中等）→黏土矿物转化（中）→溶解（中）。

对比分析经 X-衍射实验测定的黏土矿物含量与基于铸体薄片分析的黏土矿物含量，发现两者之间的差异很大。X-衍射实验测定的黏土矿物基本上都在 10%之上，甚至高达 30.8%，而铸体薄片分析得到的黏土矿物含量结果都在 10%以内，甚至接近 1%。X-衍射实验测定的黏土矿物在铸体薄片下表现为以下三种存在形式：①自生黏土矿物，如附表 A-4 中的伊利石、高岭石、蒙脱石、绿泥石及其混层物；②泥质；③软质岩屑中的泥岩屑、板岩屑和千枚岩屑等。第一种形式为在成岩作用下重结晶形成于孔隙空间中，而第二种和第三种形式都是机械沉积作用的产物，前者泥质属于颗粒间的杂基，后者属于岩石的骨架颗粒组成成分。铸体薄片分析所指的黏土矿物包含第一种和第二种形式。这是两种方法得到的黏土矿物含量存在差异的根本原因。因此，X-衍射实验测定的黏土矿物含量通常都比研究者用于分析影响渗流特征的黏土矿物含量高，即对渗流有显著影响的黏土矿物比 X-衍射实验测定的量少。

此外，所选取的 7 块花岗岩中有 3 块 Chelmford 花岗岩具有明显的微裂缝特征（Bernabe，1986），Kranz 等（1979）的 4 块 Barre 花岗岩是人造裂缝岩石，具有明显的裂缝特征，而鲕粒灰岩（Ghabezloo et al.，2009）具有明显的双组分特征（孔隙中存在易于压缩的组成部分），同时也发育有一定的微裂缝。

3.4.3　实验结果与分析

1. 老化实验结果

所有岩样的老化实验分为两种：在岩心入口端孔隙流体压力为 5MPa（出口

端加回压）时加载和卸载两个循环的围压；岩心入口端小于 1MPa（出口端接大气压）时加载和卸载两个循环的围压（图 3-53，图 3-54）。

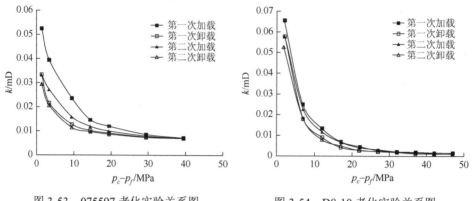

图 3-53　075597 老化实验关系图　　　图 3-54　D8-10 老化实验关系图

第一次加载和卸载循环下加载回路与卸载回路相同围压对应的渗透率差异比第二次加载和卸载循环下加载回路与卸载回路相同围压对应的渗透率差异大。选择相同加载和卸载循环下加载回路最小围压对应的渗透率和卸载回路恢复到最小围压（与加载回路最小围压相等）对应的渗透率计算其相对变化率（表 3-5），发现第一次加载和卸载循环下渗透率相对为 0.76%～59.84%，均值 29.23%；第二次加载和卸载循环下渗透率相对为 0.65%～17.19%，均值 7.62%。因此，老化实验使得实验岩样的性质更稳定。

两块岩心的重复性测试（包括老化实验和渗透率有效应力实验）是在进行上一次渗透率有效应力实验之后开展的。根据表 3-5 可以发现，重复性测试中的加载和卸载回路对应渗透率的相对变化率更低，表明提高老化实验的次数可使得岩石的性质变得更加稳定。

表 3-5　老化实验渗透率变化率与渗透率有效应力实验的渗透率相对误差

序号	岩样编号	老化实验渗透率变化率/%		有效应力实验的渗透率相对误差均值/%
		第一次加载和卸载循环	第二次加载和卸载循环	
1	D47-6	0.76	2.28	2.84
2	S4	41.54	2.80	25.40
3	S8	35.72	5.51	21.08
4	S10	30.78	4.37	10.79
5	DT1-8	17.86	11.52	6.61
6	D141-7	58.82	11.59	9.39
	D141-7R	48.49	10.32	8.52
7	D8-10	11.59	9.38	10.80

序号	岩样编号	老化实验渗透率变化率/%		有效应力实验的渗透率相对误差均值/%
		第一次加载和卸载循环	第二次加载和卸载循环	
8	D8-12	24.47	16.65	13.33
	D8-12R	16.20	11.32	4.64
9	D8-15	37.98	2.77	5.65
10	D13-4	40.57	2.74	7.00
11	D8-9	0.76	2.29	3.32
12	D24-2	12.68	3.98	5.65
13	D24-4	24.40	7.61	12.84
14	D24-7	47.78	0.65	6.37
15	D66-3	49.11	12.34	5.43
16	D15-1	13.42	1.47	1.15
17	D15-2	24.59	16.34	7.05
18	DK13-6	10.97	2.99	2.25
19	DK22-2	45.55	5.59	2.87
20	DK22-8	59.84	3.79	3.07
21	D23-1	15.08	16.33	5.52
22	D23-8	32.85	10.85	10.30
23	HH103-3	41.82	17.19	5.07
24	ZJ20-18	37.82	12.37	3.25
25	MJ5515	19.76	1.34	4.31
26	075597	36.67	11.51	2.46
27	075516	9.69	3.07	2.46
	范围	0.76~59.84	0.65~17.19	1.15~25.4
	均值	29.23	7.62	6.72

注：老化实验的渗透率变化率是指相同加载和卸载循环下，加载回路围压最小应力点渗透率 k_L 与卸载回路最小应力点渗透率 k_{UL} 的相对变化率，即（k_L-k_{UL}）/k_L×100%。渗透率有效应力实验的渗透率相对误差是指实验测定渗透率值 k_T 与拟合渗透率值 k_F 的相对变化率，即（k_T-k_F）/k_T×100%。岩样编号后面的"R"表示该岩样进行了重复性测试。

2. 渗透率有效应力测试结果

14 块岩心在不同围压和孔隙流体压力下的渗透率测试结果见图 3-55～图 3-70。结果表明，渗透率随围压的增加而减小，随孔隙流体压力的增加而增加；围压越高，渗透率随孔隙流体压力的变化幅度就越小。实验结果中可普遍观察到渗透率随围压和孔隙流体压力的非线性变化规律。同时，在保持相同围压时，降低孔隙流体压力回路和增加孔隙流体压力回路对应相同孔隙流体压力下（或者孔隙流体压力相同时，增加围压回路和降低围压回路对应相同围压下）的渗透率差异不大，因此后面分析数据时不对两个回路单独分析，而作为一个整体分析。

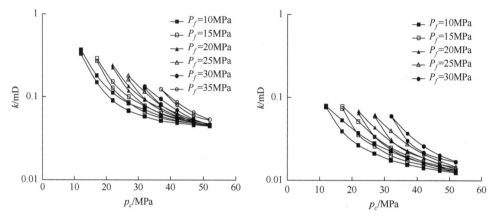

图 3-55　k-p_c 和 p_f 之间的关系曲线（DT1-8）　　图 3-56　k-p_c 和 p_f 之间的关系曲线（D141-7）

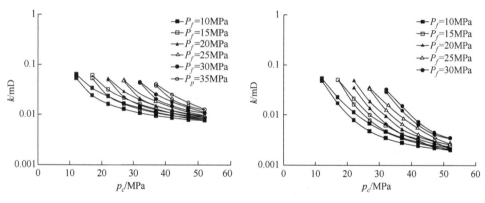

图 3-57　k-p_c 和 p_f 之间的关系曲线（D141-7R）　　图 3-58　k-p_c 和 p_f 之间的关系曲线（D8-10）

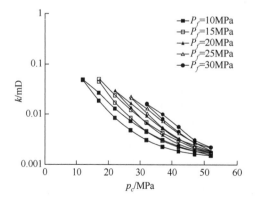
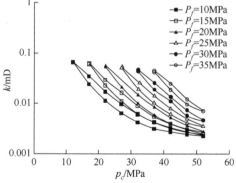

图 3-59　k-p_c 和 p_f 之间的关系曲线（D8-12）　　图 3-60　k-p_c 和 p_f 之间的关系曲线（D8-12R）

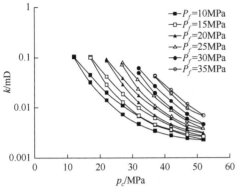

图 3-61　k-p_c 和 p_f 之间的关系曲线（D23-4）

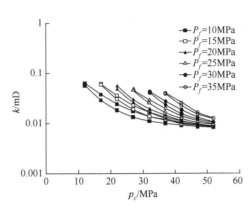

图 3-62　k-p_c 和 p_f 之间的关系曲线（D15-2）

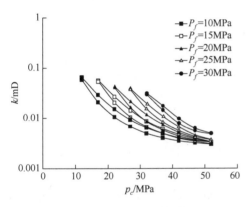

图 3-63　k-p_c 和 p_f 之间的关系曲线（D23-8）

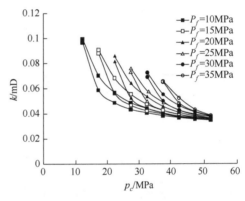

图 3-64　k-p_c 和 p_f 之间的关系曲线（MJ5515）

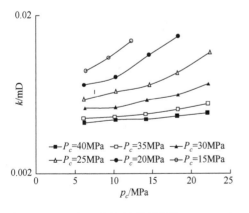

图 3-65　k-p_c 和 p_f 之间的关系曲线（075597）

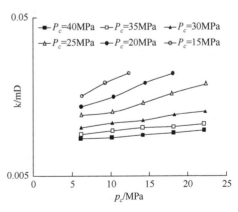

图 3-66　k-p_c 和 p_f 之间的关系曲线（075516）

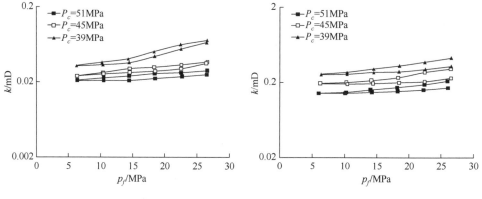

图 3-67　$k\text{-}p_c$ 和 p_f 之间的关系曲线（D24-2）　　图 3-68　$k\text{-}p_c$ 和 p_f 之间的关系曲线（D13-4）

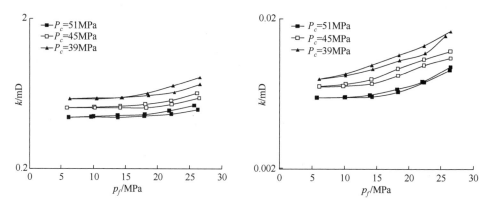

图 3-69　$k\text{-}p_c$ 和 p_f 之间的关系曲线（DK13-6）　　图 3-70　$k\text{-}p_c$ 和 p_f 之间的关系曲线（DK22-8）

3. 渗透率等值线

渗透率与围压和孔隙流体压力的关系可以直接用函数（如二元二次多项式）拟合得到；而本书采用的响应面法是在拟合之前确定转换系数（λ），对渗透率进行转换（如方程（3-2）的左边部分），然后再用函数拟合转换后的渗透率及围压与孔隙流体压力的关系，进而确定拟合系数。所有实验岩样渗透率转换前后的概率正态分布特征都如图 3-71 和图 3-72 所示，这说明转换后的渗透率更具有正态分布的特征，转换后的拟合曲面更能表征测试压力范围内岩心的性质。转换系数、拟合系数和 F 值（计算值）见表 3-5（S4 和 S8 渗透率测试值与拟合值的相对误差远大于 10%（表 3-5），因此表 3-6 中给出了两块岩心卸载回路的拟合结果），计算得到的 F 值（除了 Barre T 花岗岩之外，计算的 F 最小值是 32.80）大于 10 倍的 F 查表值（最大值是 1.48），拟合满足精度的要求（Box 等，1987），如图 3-73 和图 3-74 所示，也可以直观地看出拟合效果很好。

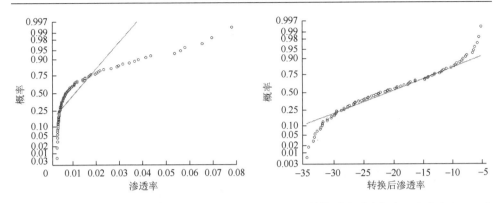

图 3-71 转换前渗透率概率正态分布（D23-8）　　图 3-72 转换后渗透率概率正态分布（D23-8）

表 3-6 转换系数、拟合系数和 *F* 检验值

岩样编号	λ	a_1	a_2	a_3	a_4	a_5	a_6	F 值
D47-6	−1.46	−182.3	5.299	1.943	−0.08923	−0.02378	0.0367	126.82
S4UL	−0.2316	0.03491	−0.4937	0.4421	0.007888	−0.01848	8.12E-03	111.25
S8UL	−0.3619	−0.436	−0.6705	0.6546	0.004112	−0.02533	0.01818	114.73
S10	−0.5343	2.029	−0.5101	0.3744	0.004826	−0.01058	0.005066	74.49
DT1-8	−1.015	1.339	−0.8544	0.7652	0.008297	−0.01849	0.006824	351.37
D141-7	−0.7715	−2.997	−1.068	0.792	0.008495	−0.01941	0.01503	650.36
D141-7R	−0.6997	−5.052	−1.303	1.126	0.0119	−0.02415	0.01356	541.22
D8-10 (10)	−0.4062	−2.465	−0.9833	0.8497	0.009653	−0.02033	0.01148	430.82
D8-12 (15)	−0.2629	−0.7341	−0.4844	0.2676	0.003547	−0.007108	0.000456	481.71
D8-12R	−0.223	−2.614	−0.3469	0.3112	0.002661	−0.005755	0.003398	795.27
D8-15	−0.899	−0.5357	−0.08517	0.03594	−0.001693	0.000378	0.003567	59.14
D13-4	−0.4804	1.613	−0.07583	−0.006628	−0.0003769	0.0001034	0.00105	51.74
D8-9	−2.5016	5329	−300.7	167.6	1.863	−2.176	0.901	85.31
D24-2	−1.3362	123.7	−5.368	2.144	0	0	0	93.95
D24-4	−0.2641	−1.541	−0.5149	0.476	0.004804	−0.008723	0.00327	717.84
D24-7	−0.7703	−68	1.566	1.412	−0.07437	−0.02952	0.1005	112.78
D66-3	−0.5704	−0.1741	0.03352	0.01316	−0.0008952	−0.0001947	0.0006669	88.37
D15-1	−2.4	−56.26	0.8686	1.605	−0.02567	−0.02774	0.01817	163.79
D15-2	−0.6786	−3	−1.226	0.9638	0.01164	−0.02503	0.01605	720.59
DK13-6	−1.5728	0.2388	0.01141	−0.03044	−0.0008944	0.0000765	0.00175	139.33
DK22-2	−1.1348	6.491	−1.629	0.8012	−0.0002878	−0.005762	0.009371	138.49
DK22-8	−0.8568	−94.59	2.593	0.2029	−0.05118	−0.00955	0.05461	229.61

续表

岩样编号	λ	a_1	a_2	a_3	a_4	a_5	a_6	F 值
D23-1	−0.6075	−1.631	−0.6028	0.3455	0	0	0	80.21
D23-8	−0.5013	−1.822	−1.119	0.9146	0.009882	−0.02235	0.014	1102.12
HH103-3	−0.6248	−5.31	−1.864	1.642	0.01742	−0.03862	0.0106	302.37
ZJ20-18	−0.7029	−11.8	−2.155	1.837	0.02167	−0.04428	0.01412	415.61
MJ5515	−1.9927	−4.979	−13.1	11.21	0.1184	−0.3157	0.1819	598.81
075597	−1.3	−50.957	−31.673	31.595	0.24208	−0.89657	0.45224	391.98
075516	−1.2393	−58.35	−8.55	10.8	0.06319	−0.2369	0.01611	293.53
Chelmford H	−0.2084	−12.65	−0.1373	0.1318	0.0001455	−0.001172	0.001179	751.06
Chelmford G	−0.4199	−20.18	−0.8961	0.4081	0.0009991	−0.001544	0.00671	1137.80
Chelmford R	−0.3374	−15.31	−0.3781	0.2285	0.0003218	−0.0008006	0.001734	1375.32
Barre T	−0.7	1.2152	0.5827	−0.7081	−0.0078	0.0053	0.0028	10.79
Barre T-L	−0.1	2.9969	−0.11098	0.044869	0.0002436	−0.000271	0.0001652	58.36
Barre T-UL	−0.2	4.5123	−0.1202	−0.016342	0.0001397	−0.0000981	0.0003749	122.00
Barre 120	−0.4	−1.8766	−0.2343	0.2387	0.0004	−0.0022	0.0017	35.43
Barre 600	−0.4	−9.0972	−0.60144	0.71528	0.0024375	−0.010163	0.0072811	49.73
Barre P	−0.8	43.346	−9.7184	10.746	0.040292	−0.1241	0.078882	32.80
Limestone	−0.6638	−9.305	−4.005	2.819	0.1265	0.02832	0.3462	332.42

注：UL 和 L 表示在拟合时分别仅选择了卸载回路和加载回路的数据，岩样编号后面括号中的数据表示选择的最小孔隙流体压力。

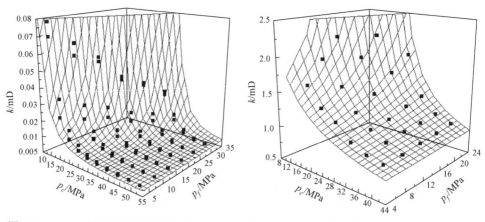

图 3-73 k-p_c-p_f 拟合曲面和实验值（D23-8）　　图 3-74 k-p_c-p_f 拟合曲面和实验值（075516）

根据表 3-6 中获取的渗透率与围压和孔隙流体压力之间关系的拟合系数，绘制得到所有分析岩心的渗透率等值线图。渗透率等值线图主要有以下六种典型特征：①一部分等值线是直线，另一部分等值线在围压较高孔隙流体压力较小处形成上弯曲线（D141-7（10）、D141-7R、D8-15、D13-4、D24-7、D66-3、DK22-8、DK22-2、Barre P、S8-UL、S4-UL、D8-12（15）、D8-12R 和 075597，如图 3-75所示）；S10、D8-10（10）、D15-2、DK13-6、D23-8、DT1-8、HH103-3、ZJ20-18、MJ5515、Barre T、Barre 120 和 Barre 600，如图 3-76 所示）；②等值线是直线，但不相互平行（Chelmford H、Chelmford G 和 Chelmford R，如图 3-77 所示）；③等值线（近似）为相互平行的直线（D15-1、D8-9、D24-2、D24-4、D23-1，如图 3-78所示）；④等值线在低孔隙流体压力下形成向下弯曲的曲线（D8-10、D8-12、D47-6和 075516，如图 3-79 所示）；⑤等值线在低孔隙流体压力下，在围压较高处形成向上弯曲的曲线，而随围压的降低则形成向下弯曲的曲线（S4 和 S8，如图 3-80 所示）；⑥随孔隙流体压力的降低、围压的增加，形成斜率逐渐增加的等值线（Limestone灰岩，如图 3-81 所示）。

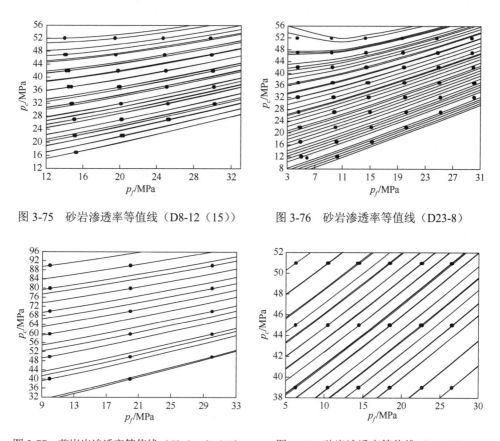

图 3-75　砂岩渗透率等值线（D8-12（15））　　　图 3-76　砂岩渗透率等值线（D23-8）

图 3-77　花岗岩渗透率等值线（Chelmsford H）　　图 3-78　砂岩渗透率等值线（D 8-9）

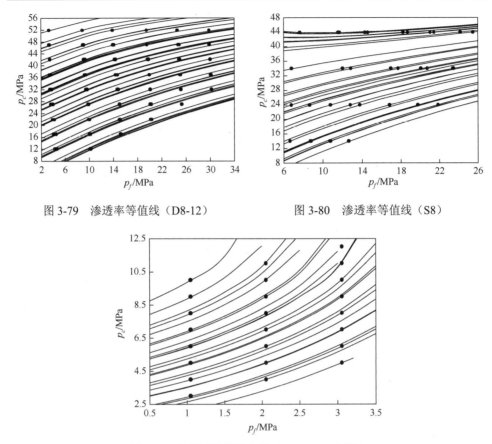

图 3-79　渗透率等值线（D8-12）　　　　图 3-80　渗透率等值线（S8）

图 3-81　灰岩渗透率等值线（Limestone 灰岩）

　　对比图 1-1 可以发现，图 3-75 所示岩心的渗透率等值线与 Bernabé 绘制的等值线形态特征一致，这证明了 Bernabé 的推测结果是正确的。图 3-77 和图 3-78 所示岩心表现为线性的等值线，这属于 Bernabé 推测等值线的一种特殊情况，在这种情况下，切线有效应力系数等于割线有效应力系数，这也许是以往很少区分两种有效应力系数的原因。图 3-76 所示岩心在高围压、低孔隙流体压力处等值线表现出上凹特征，图 3-79 所示等值线的上凸特征以及图 3-80 等值线凹上凸兼有的特征都与 Bernabé 推测的等值线形态特征不一样。同时，灰岩的渗透率等值线图（图 3-81）也展现出了与 Bernabé 推测的渗透率等值线不一样的曲线特征。

　　将观察到的典型渗透率等值线特征（图 3-76、图 3-79 和图 3-80）绘制在图 3-82 中，渗透率Ⅰ小于渗透率Ⅱ；渗透率Ⅰ对应的正常等值线是曲线 1，对应的异常等值线是上凸曲线 2；渗透率Ⅱ对应的正常等值线是曲线 3，对应的异常等值线是上凹曲线 4。曲线 2 与曲线 3 相交，这说明上凸等值线表现出了渗透率增加的现象；曲线 4 与曲线 1 相交，这说明上凹曲线表现出渗透率降低的现象。实验过程中，滑脱效应可能会使渗透率增加，而应力滞后效应可能会使渗透率降低。例如 D8-12，当包括低孔隙流体压力 p_f 为 5MPa 下的渗透率测点数据一起分析时，便得到如图 3-79 所示的渗透率等值线；排除 p_f 为 5MPa 和 10MPa 下的渗透率测点数据，得到了 Bernabé 推测的渗透率等值线（图 3-75）。虽然以往的研究证明孔隙流体压力高于 5MPa 时，滑脱效应的影响可以忽略；但是不同岩石具有不同的孔隙结构特征将决定压力改变时滑脱效应的影响。分析 D8-10 的实验数据，也观察到了与 D8-12 类似的情况。因此，上凸等值线可能是由于滑脱效应产生的。

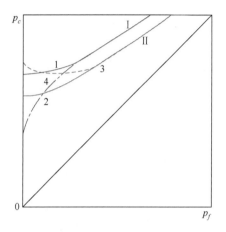

图 3-82　渗透率等值线典型特征

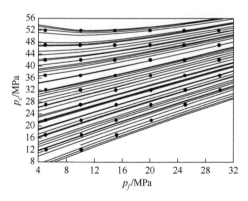
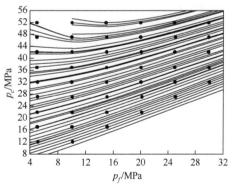

图 3-83　MJ5515 的渗透率等值线（加载）　　　图 3-84　MJ5515 的渗透率等值线（卸载）

　　分别绘制 MJ5515 加载和卸载对应的渗透率等值线（图 3-83 和图 3-84），卸载对应的渗透率等值线所表现出来的上凹曲线特征更加显著，这说明应力滞后效应会影响等值线在低孔隙流体压力下的上凹曲线特征。同时，等值线上凹曲线特征通常只出现在低孔隙流体压力下，对应的有效应力相对较大，渗透率相对最小，此时也最容易受应力滞后效应的影响。因此，应力滞后效应可能会是上凹等值线出现的原因。再者，拟合实验数据的模型是二元二次多项式模型，这可能将造成在分析数据范围的边缘形成弯曲的曲线，从而引起上凹的等值线，然而如图 3-73 和图 3-74 所示的拟合曲线表明，采用的拟合模型不会导致上凹等值线的出现。

此外，Limestone 灰岩的渗透率等值线（图 3-81）与 Bernabé 推测的渗透率等值线（图 2-1）不一样。对比分析发现 Limestone 灰岩的等值线与本书第 2 章黏土矿物裂缝模岩石型的等值线一样（图 2-36），这说明 Limestne 灰岩等值线是双组分裂缝岩石的特征。Limestone 灰岩中存在区别于岩石骨架颗粒而易于压缩的组分（Ghabezloo et al.，009），同时其中还观察到微裂缝，这与我国四川西北部飞三段和柴达木盆地南冀山油田的灰岩微观特征相似——孔隙连通性不好，存在一定的微裂缝，且含有易于压缩的组分（崔俊等，2008；朱淑敏等，2008）。前面分析指出，Bernabé 推测的渗透率等值线适于表征单组分岩石，这是两种渗透率等值线存在差异的根本原因。同时，这也说明研究的砂岩基本上都可以视为单组分岩石。

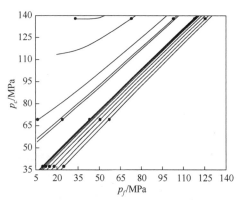

图 3-85　花岗岩渗透率等值线（Barre P）

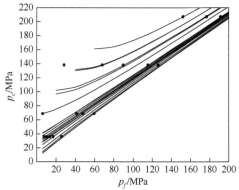

图 3-86　花岗岩渗透率等值线（Barre 600）

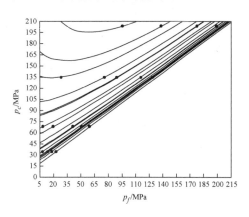

图 3-87　花岗岩渗透率等值线（Barre120）

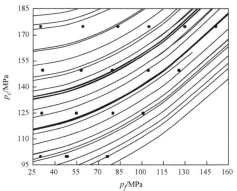

图 3-88　花岗岩渗透率等值线（Barre T）

最后，分析 Kranz 等（1979）的 4 块人造裂缝 Barre 花岗岩（裂缝面抛光岩心 Barre P，600 目砂纸磨裂缝面岩心 Barre 600，120 目砂纸磨裂缝面岩心 Barre120，张力断裂缝岩心 Barre T，这 4 块裂缝花岗岩的的粗糙度依次增加）渗透率等值线（图 3-85～图 3-88）。随粗糙度的增加，4 块岩心渗透率等值线的非线性特征有增加的趋势；同时，张力裂缝花岗岩 Barre T 的加载和卸载也呈现出类似于 MJ5515（图 3-83 和图 3-84）的特征，并且加载和卸载间的等值线差异非常明显（Kranz 等在实验之前没有对岩心进行老化处理）。因此，进一步说明应力滞后效应将会引起渗透率等值线在低孔隙流体压力高围压下形成向上弯曲的曲线。

4. 有效应力系数计算结果与特征

基于表 3-6 中的拟合系数，依据割线有效应力系数的计算步骤可获取岩心的割线系数 κ_s。割线系数 κ_s 随围压和孔隙流体压力的变化关系有四种特征：①基本不随围压和孔隙流体压力的变化而变化，表现为常数（图 3-89）；②随围压的增加而减小，随孔隙流体压力的增加而增加（图 3-90～图 3-94）；③随围压的增加而减小，随孔隙流体压力的变化基本不变（图 3-95）；④随围压的增加而增加（图 3-96）。

进一步分析割线系数 κ_s 与围压和孔隙流体压力的关系，发现 κ_s 有四种特征：①κ_s 是常数，与围压和孔隙流体压力的差值无关（图 3-92）；②κ_s 与围压和孔隙流体压力的差值满足多项式函数（图 3-90～图 3-92）；③κ_s 与围压和孔隙流体压力满足二元一次函数（图 3-93、图 3-95 和图 3-96）；④κ_s 与围压和孔隙流体压力不满足简单的函数（图 3-94）。除了 4 块岩心之外，其余岩心表现为前三种特征，其中又以第二种特征为主，即割线系数 κ_s 是围压和孔隙流体压力差值的函数（表 3-7）。

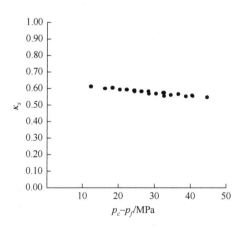

图 3-89　κ_s 与围压和流体压力差值的关系（D8-9）

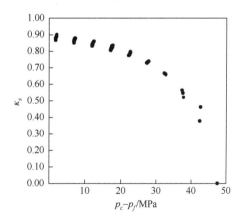

图 3-90　κ_s 与围压和流体压力差值的关系（D141-7R）

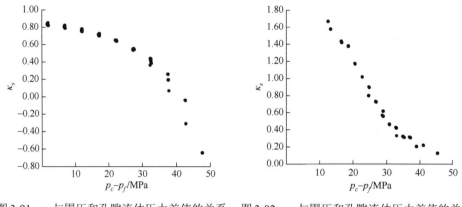

图 3-91　κ_s 与围压和孔隙流体压力差值的关系　　图 3-92　κ_s 与围压和孔隙流体压力差值的关系
（D23-8）　　　　　　　　　　　　　　　　（DK22-8）

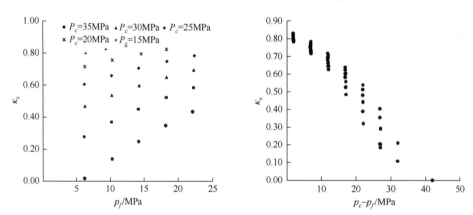

图 3-93　κ_s 与围压和孔隙流体压力差值的关系　　图 3-94　κ_s 与围压和孔隙流体压力差值的关系
（075597）　　　　　　　　　　　　　　　（MJ5515）

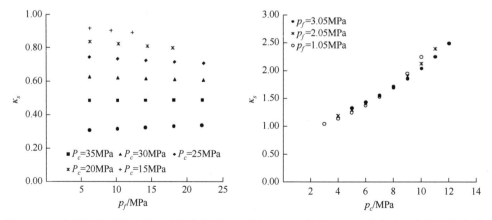

图 3-95　κ_s 与围压和孔隙流体压力差值的关系　　图 3-96　κ_s 与围压和孔隙流体压力差值的关系
（075516）　　　　　　　　　　　　　　　（Limestone）

表 3-7　渗透率割线系数变化特征与范围

岩心编号	割线系数 κ_s			孔隙度	相对误差
	特征	范围	均值		
S10	$f\,(p_c\!-\!p_f)$	0～0.6949	0.4778	0.1092	0.1079
S8-UL	$f\,(p_c\!-\!p_f)$	0～0.8742	0.4653	0.0242	0.06781
S4-UL	$f\,(p_c\!-\!p_f)$	0～0.7853	0.5138	0.0548	0.08565
D141-7（10）	$f\,(p_c\!-\!p_f)$	0.1307～0.8785	0.6899	0.0671	0.07834
D141-7R	$f\,(p_c\!-\!p_f)$	0.001058～0.9029	0.7795	0.0671	0.0793
D8-10（10）	$f\,(p_c\!-\!p_f)$	0～0.8892	0.7705	0.0391	0.1080
D8-12（15）	$f\,(p_c\!-\!p_f)$	0.01409～0.5977	0.4484	0.0263	0.1129
D8-12R	$f\,(p_c\!-\!p_f)$	0.4226～0.9256	0.817	0.0263	0.04641
D8-15	$f\,(p_c\!-\!p_f)$	0.3819～1.1461	0.6867	0.1059	0.05648
D13-4	$f\,(p_c\!-\!p_f)$	0.09887～0.5136	0.2595	0.0648	0.0700
D24-7	$f\,(p_c\!-\!p_f)$	0.1545～1.0	0.5709	0.0730	0.06368
D66-3	$f\,(p_c\!-\!p_f)$	0.1926～0.9918	0.5221	0.1543	0.05231
D15-2	$f\,(p_c\!-\!p_f)$	0～0.8744	0.6497	0.0688	0.07051
DK13-6	$f\,(p_c\!-\!p_f)$	0.02843～0.9798	0.3441	0.1176	0.02251
DK22-2	$f\,(p_c\!-\!p_f)$	0.03676～0.5938	0.4696	0.0636	0.02868
DK22-8	$f\,(p_c\!-\!p_f)$	0.1323～1.6752	0.7504	0.0912	0.037
D23-8	$f\,(p_c\!-\!p_f)$	0～0.8515	0.6634	0.0484	0.10302
DT1-8	$f\,(p_c,\ p_f)$	0～0.8127	0.5975	0.1114	0.0661
Chelmford H	$f\,(p_c\!-\!p_f)$	0.4873～0.9076	0.6691	—	0.0341
Chelmsford G	$f\,(ap_c\!-\!bp_f)$	0.4676～0.7192	0.6164	—	0.05364
Chelsford R	$f\,(ap_c\!-\!bp_f)$	0.4352～0.7246	0.5969	—	0.02705
D47-6	$f\,(ap_c\!-\!bp_f)$	0.2979～1.3254	0.7957	0.0895	0.02837
075597	$f\,(ap_c\!-\!bp_f)$	0.01842～0.8499	0.5716	0.1399	0.02462
075516	$f\,(ap_c\!-\!bp_f)$	0.3089～0.9202	0.6231	0.1162	0.02465
D8-9	常数	0.5794	—	0.1649	0.03316
D24-2	常数	0.3994	—	0.1203	0.05649
D24-4	常数	0.8924	—	0.0948	0.1284
D23-1	常数	0.5732	—	0.0592	0.05523
D15-1	常数	0.5084	—	0.0799	0.01517
HH103-3	$f\,(p_c,\ p_f)$	0～0.8215	0.5757	0.0825	0.05086
ZJ20-18	$f\,(p_c,\ p_f)$	0～0.857	0.6399	0.0966	0.03248

岩心编号	割线系数 κ_s			孔隙度	相对误差
	特征	范围	均值		
MJ5515	$f(p_c, p_f)$	0～0.8321	0.5976	0.0825	0.04314
Barre T	$f(p_c, p_f)$	0～0.4832	0.2934	—	0.302
Barre T（L）	$f(p_c-p_f)$	0.2159～0.5471	0.4233	—	0.1498
Barre T（UL）	$f(p_c-p_f)$	0～0.4199	0.1767	—	0.1240
Barre 120	$f(p_c-p_f)$	0～0.9311	0.6839	—	0.11095
Barre 600	$f(p_c-p_f)$	0～1.0798	0.707	—	0.12415
Barre P	$f(p_c-p_f)$	0.02417～1.0389	0.8396	—	0.07532
Limestone	$f(ap_c-bp_f)$	1.0412～2.4940	1.6860	0.157	0.02148

与岩心渗透率等值线进行对比分析可知，割线系数 κ_s 的第一种特征对应的渗透率等值线基本是相互平行的直线，此时与切线系数 κ_t 相等，这与以往传统的观点一致。第三种特征对应的渗透率等值线基本上是直线（除 Limestone 灰岩之外），κ_t 和 κ_s 相等，只是这些直线不相互平行，κ_s 随压力的变化而变化。而第二种和第四种特征对应的渗透率等值线还包含了曲线特征，此时 κ_s 和 κ_t 不相等，κ_s 是压力的函数。

结合岩石的微观特征和实验数据拟合误差分析还可以发现：①实验测试渗透率与拟合渗透率间的相对误差高于 20% 时（表 3-5），κ_s 符合上述的第四种特征（如 S4 和 Barre T）；同时将这些岩心的加载和卸载循环分开计算割线系数 κ_s，得到的 κ_s 满足围压和孔隙流体压力差值函数的特征，而这些岩心的加载和卸载循环存在明显的滞后效应，这说明滞后效应的存在影响 κ_s 的变化特征；②κ_s 符合第四种特征的岩石绿泥石胶结物较多且硅质胶结较弱（MJ5515、ZJ20-18 和 HH103-3），这可能是绿泥石环边胶结和弱硅质胶结的特征使得岩石稳定性变差的原因；③结合岩性三角图（图 3-7）可以发现，岩心 κ_s 是围压和孔隙流体压力差值的函数特征，其长石和岩屑含量相对较少，石英含量较高——长石的抗压能力低于石英的抗压能力（朱淑敏，2008）。因此，实验老化处理的效果、胶结物的类型、岩石矿物组成都将影响 κ_s 随围压和孔隙流体压力的变化关系。

一般认为有效应力系数是常数，且有效应力系数的下限值是岩石孔隙度；当岩石不含黏土矿物时，有效应力系数的上限值是 1，当岩石中含有黏土矿物时，有效应力系数将会大于 1，甚至远大于 1。常数有效应力系数仅在部分实验岩心中得到了体现，花岗岩（不含黏土矿物）κ_s 最大值基本上不超过 1（表 3-7）。然而，对于大多数岩心，κ_s 表现出以下特征。①砂岩和花岗岩 κ_s 均表现出了明显的非线性特征，这与砂岩中普遍观察到微裂缝和花岗岩具有裂缝的特征一致（图 3-24、图 3-29～图 3-34、图 3-37～图 3-39、图 3-42～图 3-43）。②κ_s 小于岩石的孔隙度，甚至小于 0（图 3-90 和图 3-91），此时这些岩心的渗透率等值线都在高围压孔隙流体压力处出现了上凹的曲线（图 3-76、图 3-86、图 3-87 和表 3-7），这可能是由应力滞后的原因产生的。③X-衍射分析得到实验砂岩黏土矿物含量基本上都在 10% 以上，甚至高达 30.8%，而对应的 κ_s 基本上都在 1 以内，表现出单组分岩石的特征。这可能与以下四个方面的原因有关：首先是黏土矿物的测试方法，铸体薄片分析得到的黏土矿物含量都不超过 10%，基本上都在 5% 左右，远小于 X-衍射实验测试结果（附表 A-4）；其次是黏土矿物的分布，黏土矿物在孔隙中的分布对渗流的影响较大，X-衍射实验并不会区分哪些是影响渗流的有效黏土矿物；再次，不同实验流体影响黏土矿物的弹性性质，黏土矿物在气体介质下不容易发生变形，甚至与岩石的弹性性质接近，而在液体介质下容易发生变形（Zazmul，2008），甚至使得两者间的差异达到 25 倍；最后是微裂缝的存在将使得黏土矿物的影响减弱。④对于 Limestone 灰岩，有效应力系数大于 1，且随围压的增加而增大，与黏土矿物钉状模裂缝岩石理论预测值一致，其原因是相同孔隙流体压力下，围压越高，裂缝闭合越大且越稳定，易于压缩组分相同，变形量对孔隙空间的影响也就越大。这种现象是裂缝与易于压缩组分共同作用的效果。

同时，在 B8-15、DK22-8 和 D47-6 三块岩心中观察到了有效应力系数大于 1 的情况，这三块岩心都是石英砂岩，且都以高岭石胶结物为主（表 3-3），这与以往研究岩石中含高岭石胶结物时出现大于 1 的情况一样（表 3-1）。对比两块重复性岩心（D141-7 和 D8-12）发现，不是以高岭石胶结为主的石英砂岩 D141-7 有效应力系数变化特征比较小，而其中有较多高岭石胶结物的岩屑砂岩 D8-12 有效应力系数差异较大，这说明岩性和胶结物会影响有效应力系数的特征。对比分析割线系数与岩石的孔隙度和渗透率，没有发现相互之间存在明显的相关关系。

将获取的割线系数 κ_s 代入有效应力方程（$p_{\text{eff}}=p_c-\kappa_s p_f$）中便可以计算有效应力。然而需要检验依据 κ_s 计算得到的有效应力是否符合有效应力的概念，是否具有实际的应用价值。为回答这个问题，在计算割线有效应力的基础上，再计算切线系数 κ_t 和切线有效应力以及 Terzaghi 有效应力，进而对比分析基于不同有效应力系数的渗透率与有效应力之间的关系。在使用方程（3-2）拟合实验数据时的拟合相对误差基本上都在 10% 以内，拟合效果较好，因此以下的渗透率与有效应力的分析中，如果没有特别说明，所使用的渗透率均为拟合模型计算的渗透率。

所有岩心割线有效应力和渗透率的一一对应关系较好，即相等有效应力对应的渗透率基本相等。切线有效应力与渗透率的一一对应关系相对较差，只有当有效应力系数为常数或者与围压和孔隙流体压力呈线性关系时，切线有效应力与割线有效应力相等且与渗透率存在一一对应关系。Terzaghi 有效应力和渗透率的关系点基本上比较分散（图 3-97 和图 3-98）。这证明了无论在什么条件下割线有效应力才是具有应用意义的，提出的割线系数和响应面割线系数法是正确的。同时，对比分析还可以发现，经典的 Terzaghi 有效应力与渗透率的关系曲线基本上都落在割线有效应力和渗透率关系曲线的下面，这说明基于 Terzaghi 有效应力与渗透率的关系曲线的分析会低估岩石的渗透率。因此，Terzaghi 有效应力和切线有效应力不适于表征和评价分析岩心的渗透率及其变化规律。

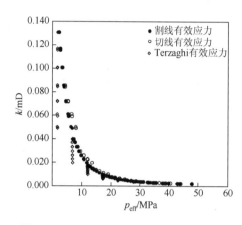
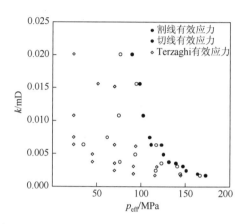

图 3-97　D24-4 渗透率与有效应力的关系　　图 3-98　Barre T（卸载）渗透率与有效应力的关系

5. 岩石变形诊断与分析

根据本书第 2 章提出的有效应力系数与岩石变形特征间的关系，对此次研究岩石和以往部分岩石的变形特征进行了对比，结果见表 3-8。

表 3-8　割线系数 κ_s 与岩石变形响应特征

研究者	ESCK 特征	岩石变形特征
Wl-Wardy、Zimmerman（2004）、Zoback、Byerlee（1975）、Nur（1980）、赵金洲（2011）、肖文联等（2012）	大于 1 的常数	黏土矿物变形显著，伴随岩石骨架颗粒变形
Nur 等（人造岩心）（1980）	0.43、0.86	岩石骨架颗粒变形显著
Ghabezloo 等（2009）	0.9～2.4	易于压缩组分变形显著，且伴随裂缝变形
Bernabé（1986）	0.4～1.0	裂缝变形显著
郑玲丽等（2009）	0.42～0.83	
Warpinski、Teufel（1991）	0.55～1.1	
李闽等（2009）	0～1.24	
本书研究	0～1.0	

注：14 块岩心的 κ_s 大于 1 和常数之外，大部分岩心都为 0～1，因此表中将 κ_s 的范围标示为 0～1。

Nur 等（1980）的 7 块 Berea 砂岩，Wl-Wardy、Zimmerman（2004）的 1 块 Stainton 砂岩，Zoback、Byerlee（1975）的 2 块 Berea 砂岩，赵金洲等（2011）的 4 块砂岩和肖文联等（2012）的 2 块砂岩，总计 14 块富含黏土孔隙型砂岩的 κ_s 都是大于 1 的常数，这些岩心变形表现为黏土的变形，并可伴随岩石骨架颗粒的变形，这与岩石微观特征为富含黏土孔隙型砂岩一致（表 3-1）。结合 κ_s 的大小与黏土矿物的含量发现，黏土含量越多，κ_s 越大，表明岩石变形时黏土的变形越显著。然而，对比岩心中的黏土矿物进一步分析发现，赵金洲等（2012）的研究中有两块岩石的伊利石和绿泥石含量相对较多，黏土含量高达 22.5%，然而 κ_s 相对最小（反为 1.1）；而赵金洲等（2011）剩下的两块砂岩和肖文联等（2012）的砂岩以伊/蒙混层和绿/蒙混层为主，并包含高岭石和蒙脱石，剩余其他岩心中的黏土矿物都是高岭石，κ_s 相对较大，甚至高达 7.1。这说明相对前者，后者所对应的岩石变形相应特征更加显著，其原因可能是前者对应岩心中，伊利石和绿泥石的含量相对较多，而后者对应岩石中高岭石、蒙脱石、伊/蒙混层和绿/蒙混层相对较多；伊利石和绿泥石晶间距离更小，性质也更加稳定，从而表现出相对较小的压缩性（任磊夫，1988；杨献忠等，2003；赵杏媛等，1990）。因此，黏土矿物类型可影响岩石的变形特征。

Nur 等（1980）还研究了 2 块 Al_2O_3 人造的孔隙型岩心，发现 ESCK 分别为 0.43 和 0.86，这与图 1-56（a）所示特征一致，说明这两块人造岩心骨架颗粒的变形特征显著，与岩心是不含黏土矿物的孔隙型结构特征相符。

Bernabé（1986）的 3 块微裂缝 Chelmsford 花岗岩（$0.4 < \kappa_s < 1.0$），Warpinski、Teufel（1992）的 2 块微裂缝砂岩（$0.55 < \kappa_s < 1.1$），郑玲丽等（2008）的 3 块花岗岩（$0.42 \leqslant \kappa_s \leqslant 0.83$），李闽等（2009b）的 7 块微裂缝砂岩（$0 \leqslant \kappa_s \leqslant 1.23$）和此次研究的微裂缝砂岩与裂缝花岗岩的 κ_s 都不是常数，随应力的变化而变化，变化范围为 0～1.0。例如，D23-8 岩心 κ_s 变化特征（图 3-91）与岩石的微观特征，即存在微裂缝（图 3-1），κ_s 与图 1-56（b）相对应的特征一致，说明岩石的裂缝变形等征显著，这与岩石具有裂缝的微观特征一致。

因此，κ_s 反映了岩石的变形特征，并且与岩石的微观特征一致。黏土矿物的类型和含量以及岩石的孔隙类型是影响岩石变形的主要因素。

3.5　本章小结

为确定储层岩石的渗透率有效应力，尤其是非线性有效应力，实验技术是最为常见和有效的方法之一。本章通过不同类型岩石的非线性有效应力实验，介绍了渗透率有效应力的测试技术，并结合岩石不同类型微观研究分析结果，探索了非线性有效应力的变化特征。更为重要的是，实验推导了非线性有效应力系数是 Terzaghi 有效应力的函数。

第4章 储层岩石的应力敏感性及其在数值模拟中的应用

4.1 应力敏感性研究进展

在确定有效应力系数的基础上，便可以建立渗透率与有效应力的函数关系，以此作为确定储层岩石渗透率和应力敏感性研究的基础。

4.1.1 渗透率与有效应力的关系

目前，关于渗透率与有效应力关系的模型可以分为两大类：经验模型和理论模型。

1. 经验模型

（1）指数模型（David et al.，1994），即渗透率与有效应力之间满足如下表达式：

$$k = k_{\text{ref}} e^{-\beta(p_{\text{eff}} - p_{\text{ref}})} \tag{4-1}$$

（2）乘幂模型（Morrow et al.，1984），即渗透率与有效应力之间满足如下表达式：

$$k = k_{\text{ref}} \left(\frac{p_{\text{eff}}}{p_{\text{ref}}} \right)^{-\alpha} \tag{4-2}$$

此外，研究者发现渗透率与有效应力之间的关系，也可以采用以下方式描述：一元二次多项式函数模型，简称为二项式模型（尹尚先等，2006），以及渗透率的1/3次方与有效应力的对数函数模型，简称为 Jones 模型（Jones，1975），即有

$$k = ap_{\text{eff}}^2 + bp_{\text{eff}} + c \tag{4-3}$$

$$(k / k_{\text{ref}})^{1/3} = 1 - S \ln(p_{\text{eff}} / p_{\text{ref}}) \tag{4-4}$$

其中，p_{eff}、p_{ref}——有效应力和选取参考点的有效应力，MPa；

k_{ref}——参考有效应力 p_{ref} 下对应的渗透率，mD；

a、b、c、S、β 和 α——拟合实验数据得到的经验系数，S、β 和 α 通常还被称为是应力敏感系数，其值越大，表明岩石对应的应力敏感性越强。

2. 理论模型

渗透率与有效应力的理论模型都建立在典型孔隙类型（喉道的截面形状）的

基础上。以往的研究者结合岩石微观特征观察，将孔隙类型分为圆形（如图 2-3 所示，其中，r 为截面圆形半径，l 为管束长度）、椭圆形（如图 2-4 所示，b 和 c 分别是椭圆截面的短半轴和长半轴长度，l 为管束长度）、锥形（如图 2-5 所示，b 和 c 分别是椭圆截面的短半轴和长半轴长度，l 为管束长度）、星形（如图 2-6 所示，c 是喉道截面的宽度，$R*$ 和 $r*$ 分别是曲线半径和骨架颗粒平均半径）、类三角形（图 2-7）。同时，表征裂缝的典型模型有 Walsh 平板裂缝模型（图 2-8）和 Gangi 的钉状裂缝模型（如图 2-9 所示，D、l、w、w_0 和 x 分别是裂缝宽度、长度、开度、初始开度和位移）。

基于不同孔隙类型模型的渗透率与有效应力间的理论公式分别如下。

（1）圆形（Jaeger et al.，2007）：

$$k = \frac{r_0^2}{8}\left[1 - \frac{2(1-v^2)}{E}p_{\text{eff}}\right]^2 \tag{4-5}$$

其中，r_0——零应力状态下的圆形喉道半径；

v、E——泊松比和岩石弹性模量。

椭圆形（Seeburger et al.，1984）：

$$k = \frac{c_0^2}{4(1+\varepsilon^2)\varepsilon^2}\left[1 - \frac{2(1-v^2)}{\varepsilon E}p_{\text{eff}}\right]^2 \tag{4-6}$$

其中，c_0——零应力状态下的长半轴长度，$\varepsilon = b/c$。

（2）锥形（Seeburger et al.，1984）：

$$k = k_0\left[1 - \frac{4(1-v^2)}{3\varepsilon E}p_{\text{eff}}\right] \tag{4-7}$$

（3）类三角形（Gangi，1978）：

$$k = k_0\left[1 - C_{\text{pck}}\left(\frac{p_{\text{eff}}}{K_{\text{eff}}}\right)^{2/3}\right]^4 \tag{4-8}$$

其中，

$$K_{\text{eff}} = 4E / 3\pi(1-v^2), \quad C_{\text{pck}} = R/r_p$$

R 和 r_p——岩石骨架颗粒半径和孔隙半径。

（4）星形（Yale，1984；sigal，2002）：

$$k = k_0\left[1 - \left(\frac{p_{\text{eff}}}{\varepsilon K_{\text{eff}}}\right)^{1/3}\right]^2 \tag{4-9}$$

其中，

$$K_{\text{eff}} = \frac{4E}{3\sqrt{2}(1-v^2)}$$

（5）Walsh 平板裂缝模型（Walsh，1981）：

$$k = k_{\text{ref}} \left[1 - \frac{\sqrt{2}h}{a_{\text{ref}}} \ln\left(\frac{p_{\text{eff}}}{p_{\text{ref}}}\right) \right]^3 \frac{1 - b(p_{\text{eff}} - p_{\text{ref}})}{1 + b(p_{\text{eff}} - p_{\text{ref}})} \tag{4-10}$$

其中，h——裂缝面上微凸体高度分布的均方根；

a_{ref}——参考压力 p_{ref} 下的裂缝半开度；

b——与裂缝面特征和岩石弹性模量相关的参数。

方程（4-10）中括号中的一项表示裂缝粗糙度对渗流的影响，中括号后面一项表示迂曲度对渗流的影响。相对粗糙度，迂曲度对渗流的影响可以忽略，因此方程可以简化为

$$k = k_{\text{ref}} \left[1 - \frac{\sqrt{2}h}{a_{\text{ref}}} \ln\left(\frac{p_{\text{eff}}}{p_{\text{ref}}}\right) \right]^3 \tag{4-11}$$

（6）Gangi 钉状裂缝模型（Gangi，1978）：

$$k = k_0 \left[1 - \left(\frac{p_{\text{eff}}}{p_1}\right)^n \right]^3 \tag{4-12}$$

其中，

$$p_1 = E\ (A_r/A),$$

A、A_r——裂缝面的接触面积和总面积。

渗透率与有效应力的理论模型虽然是基于单一孔隙推导得到的，但是这是认识渗透率与有效应力关系的经验模型。例如，对比方程（4-4）和方程（4-11）可以发现，Jones 的经验模型与 Walsh 的平板裂缝模型是一致的，说明 Jones 模型反映的是裂缝岩石渗透率随有效应力的变化特征。除此之外，尹尚先等（2006）基于实验研究，认为指数关系适于表征基质孔隙，乘幂模型适于表征裂缝孔隙，二项式模型适于表征管道状孔隙，提出了岩石孔隙类型与经验模型间的关系。因此，结合理论研究可进一步认识经验模型的物理模型以及经验模型中拟合参数所代表的物理含义。

4.1.2　储层岩石应力敏感性

随有效应力的增加，岩石将会被压缩而减小孔隙空间，表现为岩石喉道半径的减小，进而引起渗透率的降低，在油气藏生产中就表现为产量的降低，这便是储层岩石的应力敏感性及其对油气田开发的影响（阮敏等，2002；于忠良等，2007；刘仁静等，2011；肖文联等，2012）。对储层岩石应力敏感性认识、评价和运用的关键之一在于了解渗透率与有效应力的关系。

　　一般都是采用经验模型表征渗透率与有效应力的关系，其中指数模型和乘幂模型最为常用。研究者通过经验模型拟合渗透率与有效应力的实验数据，获取应力敏感系数，进而分析储层岩石的应力敏感性。David 等（1989）对比分析了不同岩石类型的应力敏感系数 β，发现高孔隙度砂岩和孔隙型多孔介质的 β 变为 $0.0066\sim0.02\text{MPa}^{-1}$；低孔隙度岩石（如致密砂岩、花岗岩、玄武岩等）的 β 为 $0.023\sim0.11\text{MPa}^{-1}$；对于裂缝型的花岗岩等，$\beta$ 为 $0.078\sim0.109\text{MPa}^{-1}$；与断层角砾岩相似的含黏土矿物岩石，其 β 为 $0.012\sim0.055\text{MPa}^{-1}$，不含黏土矿物的岩石的 β 为 $0.0045\sim0.014\text{MPa}^{-1}$；这说明黏土矿物和裂缝会导致岩石具体更强的应力敏感性。Dong 等（2010）发现细粒砂岩加载过程中 β 为 $0.00293\sim0.00796\text{MPa}^{-1}$，$\alpha$ 为 $0.123\sim0.313$，卸载过程中 β 为 $0.00141\sim0.00278\text{MPa}^{-1}$，$\alpha$ 为 $0.058\sim0.119$；含裂缝粉砂质页岩加载过程中 β 为 $0.01983\sim0.05198\text{MPa}^{-1}$，$\alpha$ 为 $0.738\sim2.059$，卸载过程中 β 为 $0.00645\sim0.02267\text{MPa}^{-1}$，$\alpha$ 为 $0.261\sim1.013$；同时，Dong 等还发现用乘幂模型拟合渗透率与有效应力的效果比指数模型的拟合效果更好。

　　Jones（1975）在研究裂缝岩石有效应力对渗透率影响时，发现渗透率的 1/3 次方与有效应力的对数之间存在线性关系（即 Jones 模型）。于是，Jones 和 Owens（1980）测试了有效应力为 6.9MPa 和地层条件下对应的有效应力（此时有效应力近似等于围压，也称为净围压或者净应力，因为测试时孔隙流体压力接近大气压）的渗透率，进而计算了不同岩石的应力敏感系数 S。他们指出高渗透率岩石的 S 为 $0.1\sim0.2$，低渗致密岩石的 S 为 $0.3\sim0.6$，而渗透率变化特别显著时 S 大于 0.7。将 Jones 模型与 Walsh 平板裂缝模型进行对比分析可得到应力敏感性系数 $S=\sqrt{2}h/a_{\text{ref}}$，这表明裂缝面特征对渗透率的应力敏感性有重要的影响，裂缝粗糙面的微凸体起伏变化越大，裂缝应力敏感性就越强。因此，对比 Jones 等（1980）的研究结果可以发现，高渗岩石裂缝特征不明显，表现出了相对稳定的性质，原因是 S 值小且变化范围小，与之对应的是渗透率变化显著的岩心（$S>0.7$）具有明显的裂缝特征；低渗致密岩石 S 值的变化范围较具有稳定性质的高渗岩石大。同时，Jones 等发现了一块低渗砂岩（地层压力下渗透率降低为初始渗透率，围压约等于 1MPa 时的渗透率的 1/10）的 S 值等于 0.4，应力敏感系数 S 与有效应力为 6.9MPa 下渗透率的对数之间具有线性相关性，而与初始渗透率无明显关系，参考压力为 6.9MPa 下的渗透率是初始渗透率的 $0.4\sim0.75$ 倍。

　　对比分析上述应力敏感性研究发现，这些研究的共同特点是选择不同孔隙类型的岩心（例如裂缝性岩心、孔隙性岩心等），在孔隙流体压力接近大气压时通过改变围压获取渗透率与有效应力的曲线，然后拟合得到应力敏感系数（β、α 和 S），结合选取岩心的孔隙类型和应力敏感系数的大小，归纳总结出不同类型岩石的应力敏感性特征。

　　此外，国外研究者通常还同时对比研究孔隙度应力敏感性和探讨应力敏感性的影响因素。不管哪种类型的岩心，孔隙度的应力敏感性小于渗透率应力敏感性；裂缝性岩石的渗透率应力敏感性远大于孔隙度应力敏感性（David，1989；Dong et al.，2010）；低渗致密岩石的孔隙度应力敏感性不容易被评价，原因是孔隙度太小，其随有效应力的变化有可能在实验测试误差范围内（Jones，1980；Thomas，1972）。

　　应力敏感性的影响因素较多，其中微观结构、矿物组成、胶结类型等岩石固有的属性是影响应力敏感性的关键因素。例如，对比方程（4-5）和方程（4-6）可以发现，椭圆形孔隙相对于圆形孔隙更容易发生变形，表现出更强的应力敏感性；随椭圆形截面纵横比的降低，孔隙就越容易变形，应力敏感性也就越强。矿物组成和成岩作用与应力敏感系数间的关系还不明确，但是黏土矿物或者易于压缩组分的存在会使得岩石的应力敏感性更强（Ghabezloo et al.，2009；David et al.，19896）；李闽等（2009）研究的巨砂岩屑砂岩和含砾粗粒岩屑砂岩对应的 β 值在 $0.1MPa^{-1}$ 左右，比 Dong 等（2010）的细粒砂岩表现出了更强的应力敏感性，这说明岩石骨架颗粒的大小也会影响应力敏感性。对于相同岩心，液体作为实验介质的应力敏感系数比气体作为实验流体时的应力敏感系数更大（Dong 等，2010）。相对于卸载过程，加载过程中的应力敏感系数更大，表现出更强的应力敏感性。随着温度的增加，应力敏感系数增大（Casse et al.，1979），这可能是岩石在高温下更容易变形的原因，然而也有学者发现了相反的现象（Aruna et al.，1977）。对一些区块，深度的增加可能会引起（微）裂缝的增加，进而引起应力敏感系数增大（Morrow et al.，1994）。实验范围较大时可能会导致乘幂模型的拟合效果更好，但同时也将使得乘幂模型在低有效应力和高有效应力下对实验数据的预测效果变差。

　　此外，尹尚先和王尚旭（2006）在研究中不仅发现了指数模型和乘幂模型，还发现了二项式模型。裂缝岩石的渗透率随有效应力的增加，渗透率损失最大（高达90%），该类岩石符合乘幂模型；孔隙性岩石渗透率随有效应力的增加，渗透率损失最小（接近7%），该类岩石符合指数模型；毛细管型岩石的渗透率损失介于裂缝岩石和孔隙性岩石的渗透率损失之间，该类岩石符合二项式模型。研究者明确地提出了岩石类型与各种模型之间的关系式，同时还发现在有效应力较小时，岩石渗透率所表现出来的滞后效应更加明显，随有效应力的增加而减小。赵金洲等（2011）对四块富含黏土矿物的砂岩进行有效应力实验研究，发现其渗透率随有效应力的变化关系符合二项式模型。

　　国内学者在储层岩石应力敏感性方面也做了大量的研究工作，主要也是通过变围压实验（孔隙流体压力接近大气压）研究低渗透储层岩石或者裂缝岩石的应力敏感性。虽然研究中也常使用指数模型和乘幂模型，并获得了与国外研究者相似的认识，但是研究的思路却不甚相同，国内学者更加侧重于直接计算渗透率随有效应力增加的损失量，进而评价岩石的应力敏感性。国内目前主要有三种评价储层岩石应力敏感性的方法：行业标准法（2002）、应力敏感系数法（兰林等，2005）和应力敏感指数法（李传亮，2006）。行业标准法直接根据渗透率的损害率划分应力敏感性的标准，这样可以与常规"五敏"实验的评价结果联系起来。然而标准中规定的有效应力并没有考虑地层的实际应力状态。应力敏感系数法的计算公式与 Jones 模型（Jones，1975）一致，将计算得到的应力敏感系数 S 作为度量储层岩石应力敏感程度的标准，同时将该方法与行业标准中的渗透率损害系数进行对比。应力敏感指数法基于双重有效应力理论，将变围压的实验结果转换到地层条件下，进而确定一个统一标准（孔隙流体压力降低 10MPa 下渗透率的变化情况）评价储层岩石的应力敏感性。用行业标准法评价低渗砂岩得到的应力敏感性通常为强应力敏感，而应力敏感系数法一般得到低渗砂岩不存在强应力敏感的结果。此外，还有学者（郑荣臣等，2006）认为变围压实验不符合油气藏的实际生产过程，不能用于评价储层岩石的应力敏感性。于是，在实验方法上进行了改进（例如保持围压为上覆岩石压力不变，改变孔隙流体压力；或者保持围压和入口端孔隙流体压力不变，逐渐降低出口端孔隙流体压力；或者对比恒围压变孔隙流体压力实验与恒孔隙流体压力变围压实验等），结果发现致密低渗砂岩储层应力敏感性对单井产量影响较大（平均无阻流量变为不考虑应力敏感性的 76.49%），在变孔隙流体压力的实验方式下渗透率应力敏感性更弱。

不论是国内还是国外，主要都是借用经验模型（指数模型和乘幂模型）分析渗透率与有效应力的关系，进而获取岩石应力敏感性。渗透率与有效应力的关系都是建立在孔隙流体压力接近大气压时改变围压的实验基础之上。在进行应力敏感性研究过程中，有效应力的确定基本上都是依据 Terzaghi 有效应力，即有效应力等于围压与孔隙流体压力的差值（Terzaghi，1925）。同时，基于应力敏感系数划分应力敏感性标准和评价储层岩石应力敏感性都是以实验为依据，很少见到从理论角度分析应力敏感系数的物理含义，并结合微观特征认识应力敏感系数。

4.2　渗透率与有效应力的经验模型和理论模型

表征渗透率与有效应力关系的四个模型（方程（4-1）～方程（4-4）），尤其是指数模型和乘幂模型，在确定储层岩石的渗透率以及渗透率随孔隙流体压力的变化关系中已经得到广泛使用。然而，四个模型中仅 Jones 模型得到了理论模型的论证（与 Walsh 裂缝模型一致），其中应力敏感系数 S 与裂缝微凸体参数间有明确的关系（$S=\sqrt{2}h/a_{\mathrm{ref}}$），这说明应力敏感系数和 Jones 模型具有物理意义。为此，下面将探讨理论模型（方程（4-5）～方程（4-12））与经验模型间的关系，认识经验模型的本质，以及对应应力敏感系数的物理含义。

4.2.1　圆形孔隙模型、椭圆形孔隙模型与二项式模型

分别将圆形孔隙模型（方程（4-5））和椭圆形孔隙模型（方程（4-6））展开，得到如下表达式：

$$k = \frac{(1-v^2)^2 r_0^2}{2E^2} p_{\text{eff}}^2 - \frac{(1-v^2)r_0^2}{2E} p_{\text{eff}} + \frac{r_0^2}{8} \tag{4-13}$$

$$k = \frac{(1-v^2)^2 c_0^2}{(1+\varepsilon^2)\varepsilon^4 E^2} p_{\text{eff}}^2 - \frac{(1-v^2)c_0^2}{(1+\varepsilon^2)\varepsilon^3 E} p_{\text{eff}} + \frac{c_0^2}{4(1+\varepsilon^2)\varepsilon^2} \tag{4-14}$$

很容易发现方程（4-13）和方程（4-14）都与二项式模型保持一致性。如果二项式模型代表圆形孔隙模型，那么二项式模型（方程（4-3））拟合系数 c 与零应力状态下的喉道半径 r_0 或者喉道宽度 c_0 有关；如果是二项式模型代表椭圆孔隙模型，那么其中的三个拟合系数还与喉道截面纵横比 ε 有关。因此，虽然形式上相等，但代表椭圆孔隙模型的二项式模型渗透率随有效应力的变化更加显著。结合网络模型模拟结果（图 3-9）可以发现，圆形孔隙模型的渗透率随有效应力的变化很小（不超过 5%），而对于椭圆形模型，当纵横比足够小时（假设 $\varepsilon=0.005$），随有效应力的增加，渗透率的损失可能达到 90%以上。这说明在分析处理二项式模型时需要根据岩石的具体特征来处理。

4.2.2　类三角形孔隙模型、星形孔隙模型和指数模型

整理方程（4-8），可将星形孔隙模型转换为

$$1 - \left(\frac{k}{k_0}\right)^{1/2} = \left(\frac{1}{\varepsilon K_{\text{eff}}} p_{\text{eff}}\right)^{1/3} \tag{4-15}$$

将方程（4-15）中渗透率的幂指数"2"用"n"取代，有

$$1 - \left(\frac{k}{k_0}\right)^{1/n} = \left(\frac{1}{\varepsilon K_{\text{eff}}} p_{\text{eff}}\right)^{1/3}$$

或者

$$1 + \left[3\left(\frac{k}{k_0}\right)^{2/n} - 3\left(\frac{k}{k_0}\right)^{1/n}\right] - \left(\frac{k}{k_0}\right)^{3/n} = \frac{1}{\varepsilon K_{\text{eff}}} p_{\text{eff}} \tag{4-16}$$

当 n 较大时，视方程（4-16）左边中间两项相等，因此方程（4-16）可近似等效为以下方程：

$$1 - \left(\frac{k}{k_0}\right)^{1/n} \cong \frac{1}{\varepsilon K_{\text{eff}}} p_{\text{eff}} \tag{4-17}$$

同时，将指数模型（方程（4-1））改写为

$$k = k_0 \mathrm{e}^{-\beta p_{\mathrm{eff}}} \tag{4-18}$$

其中，k_0——零应力状态下对应的渗透率。

对方程（4-18）两边同时取对数，并借助函数（如方程（4-19）），可以得到方程（4-20）：

$$\ln(x) = \lim_{n \to \infty} \left[n(x^{1/n} - 1) \right] \tag{4-19}$$

$$1 - \left(\frac{k}{k_0} \right)^{1/n} = \frac{\beta}{n} p_{\mathrm{eff}} \tag{4-20}$$

分别对比方程（4-17）和方程（4-20），发现指数模型与星形孔隙模型近似等效，于是应力敏感系数 β 的表达式为

$$\beta \cong \frac{n}{\varepsilon K_{\mathrm{eff}}} \tag{4-21}$$

假设岩石的有效弹性模型 K_{eff} 是常数，那么应力敏感系数与岩石孔隙结构特征参数有关。如图 2-6 和图 2-15 所示，ε 越小，对应的岩石缝的特征就越显著，β 的值就越大。

对比分析星形孔隙模型与类三角形孔隙模型，可以发现两个模型渗透率的 1/2 次方（$k^{1/2}$）都是有效应力的 1/3 次方（$p_{\mathrm{eff}}^{1/3}$）的函数；同时，以往研究指出这两个模型是等效的（Yale，1984）。因此，对比类三角形孔隙模型和星形孔隙模型有效应力之前的系数项，结合方程（4-21）可以发现应力敏感系数 $\beta \cong nC_{\mathrm{pck}}^{1.5} / K_{\mathrm{keff}}$（$C_{\mathrm{pck}}$ 表示岩石骨架颗粒的平均半径与孔隙半径的比值）。如果岩石骨架颗粒越大，类似于图 2-15 中所示，孔隙 ε 越小，那么裂缝特征越显著，β 值就越大，岩石的应力敏感性就越强，反映出的非线性特征也就越明显。

4.2.3　Walsh 平板裂缝模型、Gangi 钉状裂缝模型与乘幂模型

将 Walsh 平板裂缝模型（方程（4-11））中的幂指数"3"用"n"代替，并整理方程（4-11）可得到如下表达式：

$$\left(\frac{k}{k_{\mathrm{ref}}} \right)^{1/n} = 1 - \frac{\sqrt{2}h}{a_{\mathrm{ref}}} \ln\left(\frac{p_{\mathrm{eff}}}{p_{\mathrm{ref}}} \right) \tag{4-22}$$

对乘幂模型（方程（4-2））两边取对数，并借助方程（4-19）所示函数整理取对数后的方程，有

$$\left(\frac{k}{k_{\mathrm{ref}}} \right)^{1/n} = 1 - \frac{\alpha}{n} \ln\left(\frac{p_{\mathrm{eff}}}{p_{\mathrm{ref}}} \right) \tag{4-23}$$

对比方程（4-22）和方程（4-23），发现乘幂模型在一定条件下与 Walsh 平板裂缝模型等效，于是得到乘幂模型中的应力敏感系数 α 的表达式为

$$\alpha = \frac{\sqrt{2}h}{a_{\mathrm{ref}}}n \qquad\qquad (4\text{-}24)$$

于是，应力敏感系数 α 与 S 都是裂缝面微凸体均方根的函数。这说明裂缝面的微凸体对裂缝流量有重要的影响，同时也发现应力敏感系数 α 大于 S。

再者，结合方程（4-19），整理 Walsh 平板裂缝模型，可以得到如下方程：

$$\left(\frac{k}{k_{\mathrm{ref}}}\right)^{1/3} = 1 - \frac{\sqrt{2}h}{a_{\mathrm{ref}}}n\left[\left(\frac{p_{\mathrm{eff}}}{p_{\mathrm{ref}}}\right)^{1/n}-1\right] \qquad\qquad (4\text{-}25)$$

与方程（4-12）一样，渗透率的 1/3 次方（$k^{1/3}$）是有效应力的 $1/n$ 次方（$p_{\mathrm{eff}}^{1/n}$）的函数。因此，在一定条件下，Gangi 钉状裂缝模型与 Walsh 裂缝模型和乘幂模型是等效的；乘幂模型在一定条件下适于表征和描述裂缝岩石的渗流。

以上分析表明，二项式模型代表椭圆形模型时，其拟合参数与岩石喉道截面积的纵横比 ε 有关；指数模型中的应力敏感系数 β 与岩石孔隙形状系数 ε 和骨架颗粒的大小有关；乘幂模型中的应力敏感系数 α 则主要受裂缝面上微凸体的分布及其特征的影响。相对于二项式模型与椭圆形模型间的对应关系，乘幂模型与裂缝模型、指数模型与类三角模型（或星形模型）间对应关系相对较差（应力敏感系数中均含有经验拟合指数 n）。尽管如此，前面的分析还是发现了经验模型都存在与之对应的理论模型，这说明其中的拟合系数和应力敏感系数都具有一定的物理意义。

此外，观察锥形模型（方程（4-7））可以发现，渗透率与有效应力之间存在线性关系。然而，结合网络模拟的结果（图 2-20）可以发现，随纵横比 ε 的减小，锥形孔隙岩石渗透率与有效应力间也表现出了非线性特征。在其他类型的孔隙网络模型中，这种非线性特征随参数 ε 的减小（裂缝特征越明显）而表现得更加显著。因此，二项式模型、指数模型和乘幂模型都可以表征有（微）裂缝性质的岩心。

为方便描述，将 Gangi 裂缝模型和 Walsh 平板裂缝模型简称为 G 模型和 W 模型，方程（4-22）和方程（4-25）对应的模型分别称为 Wn 模型和 WGn 模型，方程（4-8）、方程（4-15）和方程（4-16）对应的模型分别称为 GT 模型、GP 模型和 GPn 模型（GTn 模型就是将方程（4-8）中的"4"改为"n"）。因为不知道哪种模型适合于描述哪些岩心的实验数据，所以将经验模型和理论模型都分别拟合实验数据，拟合结果见表 4-1～表 4-3。

根据表 4-1 可以发现，指数模型、GT 模型和 GP 模型的拟合相关系数 R^2 具有一致性，这说明类三角形孔隙模型、星形孔隙模型和指数模型具有较好的相关性，与前面的理论分析一致。当 GTn 模型或 GPn 模型中的拟合指数小于 10 时（以 1 为主），五个模型的 R^2 基本上相等且趋近 1，此时指数模型的拟合效果最好。

在表 4-2 中，当 WGn 模型中拟合指数 ≥ 3 时，G 模型、W 模型与 WGn 模型的拟合相关系数 R^2 基本上相等，说明此时 G 模型和 W 模型等效，符合前面的理

论分析且其成立时 n 满足的条件是 $n>3$。当 Wn 模型中拟合指数 $n>3$ 时，乘幂模型与 Wn 模型的拟合相关系数 R^2 也基本上相等；当 $n\geqslant1$ 时，乘幂模型与 G 模型、W 模型具有很好的相关性，这证明了前面理论分析得到的结论——乘幂模型也能在一定程度上表征裂缝岩石。表 4-1 中指数模拟拟合效果较好时，表 4-2 中由 G 模拟得到的零应力状态下的渗透率基本上都小于 5mD，WGn 模型或 Wn 模型中的拟合指数基本上都接近 1。

四种经验模型的拟合相关系数 R^2 见表 4-3。对比 R^2 发现，乘幂模型和 W 模型的相关拟合系数基本上都在 95%以上，这与多数岩石中普遍观察到显著的微裂缝特征一致。指数模型拟合效果较好的岩心，其对应的二项式模型拟合效果也较好（此时指数模型或者二项式模型的 $R^2>98\%$对应的岩心有 DK13-6、D8-15、D66-3、DK22-8、D15-1、D47-6 和 D24-2、D23-1、DK22-2、Limestones 灰岩），这表明这两个模型具有一定的相关性。还有部分岩心所有模型的相关拟合系数基本上一样（如 D15-1、DK22-2 和 D23-1）。为此，引入 s_s 和 s^2_s（表 4-3），以及渗透率 k 与拟合渗透率 k_r 差值与有效应力的关系图作为进一步判断的依据（图 4-1～图 4-3）。判断哪种模型拟合效果最好的步骤如下：首先，比较拟合相关系数 R^2，其值越接近 1，说明拟合效果越好；然后，对比分析 s_s 和 s^2_s 的绝对值大小，绝对值越小，说明拟合的效果越好；同时，对比分析如图 4-1 所示的（$k-k_r$）与 p_{eff} 的关系，（$k-k_r$）沿有效应力轴分布越对称，变化幅度越小，说明拟合效果越好。例如，对比分析表 4-3 中的岩心 DK22-2，不同模型的 R^2 基本相等，乘幂模型、W 模型和二项式模型的 s_s 和 s^2_s 基本上都分别在一个数量且大于指数模型对应的 s_s 和 s^2_s，（$k-k_r$）与 p_{eff} 的关系（图 4-1～图 4-4）表明，W 模型的（$k-k_r$）值分布对称均匀且变化幅度最小，那么得到的 W 模型为拟合最佳模型，只是此时乘幂模型的（$k-k_r$）值的分布对称均匀且变化幅度也较小。按照此方法可以得到部分岩心的最佳拟合模型，然而有一些岩心存在多种最佳拟合模型（表 4-3 中加粗标示），这说明确定哪种模型适合表征岩心渗透率与有效应力的关系是不容易的。

表 4-1　指数与相关模型拟合相关系数和拟合指数

岩心编号	指数	GT 模型	GTn 模型		GP 模型	GPn 模型	
	R^2	R^2	n	R^2	R^2	n	R^2
D15-2	0.8561	0.8808	3.50E+03	0.9227	0.9085	6.30E+02	0.9729
D23-8	0.8695	0.8727	4.00E+03	0.9327	0.8826	6.00E+04	0.9791
D141-7	0.8910	0.9160	1.80E+03	0.9455	0.9411	5.30E+02	0.9833
D141-7R	0.8817	0.9110	1.89E+03	0.9429	0.9407	5.40E+02	0.9843
D8-10	0.8758	0.8810	1.00E+07	0.9725	0.8930	2.62E+03	0.9821
D8-12	0.9360	0.9138	2.75E+03	0.9685	0.9005	1.00E+04	0.9903

岩心编号	指数	GT 模型	GTn 模型		GP 模型	GPn 模型	
	R^2	R^2	n	R^2	R^2	n	R^2
D8-12R	0.9324	0.9327	1.50E+04	0.9784	0.9420	8.50E+02	0.9971
S4	0.9081	0.8884	2.00E+07	1.0002	0.8775	1.00E+04	0.9840
S8	0.9223	0.8934	3.90E+04	0.9698	0.8776	1.55E+04	0.9965
S10	0.8673	0.8567	4.60E+06	0.9232	0.8499	2.10E+04	0.9622
DK13-6	0.9506	0.9361	1	0.9603	0.9180	1	0.9385
D8-15	0.9962	0.9959	2	0.9970	0.9924	1	0.9977
D66-3	0.9929	0.9904	1	0.9964	0.9863	1	0.9977
D13-4	0.9778	0.9770	2	0.9798	0.9762	1	0.9799
DK22-8	0.9877	0.9713	1	0.9919	0.9528	1	0.9746
DK22-2	0.9940	0.9954	270	0.9975	0.9966	14	0.9985
D24-7	0.9865	0.9872	52	0.9951	0.9891	5	0.9965
Chelmsford H	0.9981	0.9986	8	0.9996	0.9990	3	0.9993
Chelmsford R	0.9679	0.9574	4.00E+05	0.9903	0.9484	2.00E+05	0.9998
Chelmsford G	0.9524	0.9440	4.00E+06	0.9870	0.9379	2.00E+05	0.9975
D47-6	0.9935	0.9931	1	0.9959	0.9757	1	0.9867
095597	0.9043	0.9292	4.00E+04	0.9494	0.9534	2.00E+03	0.9826
075516	0.9380	0.9599	300	0.9718	0.9789	5.20E+02	0.9928
D8-9	0.8956	0.8990	635	0.9155	0.9023	3.15E+03	0.9338
D24-2	0.9550	0.9404	1.15E+03	0.9645	0.9391	1.25E+03	0.9730
D24-4	0.9033	0.8952	1.04E+04	0.9592	0.8971	5.30E+03	0.9919
D23-1	0.9925	0.9921	510	0.9972	0.9917	85	0.9996
D15-1	0.9885	0.9940	125	0.9954	0.9972	8	0.9978
HH103-3	0.8949	0.9060	900	0.9398	0.9236	6.00E+02	0.9771
ZJ20-18	0.8924	0.9194	1.50E+03	0.9425	0.9448	8.00E+02	0.9787
MJ5515	0.8377	0.8827	1.23E+03	0.9056	0.9277	8.20E+02	0.9619
DT1-8	0.8173	0.8338	1.85E+03	0.8854	0.8548	6.80E+02	0.9446
Barre T	0.9401	0.9053	4.00E+06	0.9593	0.8635	2.00E+04	0.9545
Barre TUL	0.9532	0.9278	5.00E+06	0.9663	0.8974	8.00E+03	0.9694
Barre T-L	0.9603	0.9252	5.00E+05	0.9752	0.8791	4.00E+03	0.9863
Barre 120	0.9318	0.9084	3.00E+04	0.9717	0.9027	5.10E+03	0.9971
Barre 600	0.9155	0.9007	5.00E+05	0.9614	0.8968	6.60E+03	0.9900
Barre P	0.7529	0.7415	7.00E+05	0.8343	0.7422	2.80E+04	0.9105
Limestone 灰岩	0.9506	0.9678	3300	0.9789	0.9817	410	0.9915

表 4-2　乘幂及相关裂缝模型拟合相关系数和拟合参数

岩心编号	乘幂	G 模型		W 模型	Wn 模型		WGn 模型	
	R^2	k_0/mD	R^2	R^2	n	R^2	n	R^2
D15-2	0.9963	1.00E+08	0.9818	0.9819	290	0.9963	1000	0.9818
D23-8	0.9977	1.00E+07	0.9761	0.9761	80	0.9977	1300	0.9761
D141-7	0.9978	4.00E+04	0.9904	0.9905	32	0.9977	440	0.9904
D141-7R	0.9970	2.10E+04	0.9923	0.9924	10	0.9972	463	0.9923
D8-10	0.9972	1.00E+05	0.9789	0.9791	52	0.9973	1959	0.9790
D8-12	0.9987	2E+11	0.9738	0.9738	262	0.9987	1000000	0.9753
D8-12R	0.9785	5.00E+03	0.9958	0.9958	4	0.9961	250	0.9958
S4	0.9970	1.1E+14	0.9698	0.9698	634	0.9969	90000	0.9698
S8	0.9934	1.10E+06	0.9809	0.9811	9	0.9991	18000	0.9811
S10	0.9900	1.10E+12	0.9452	0.9452	11145	0.9899	100000	0.9452
DK13-6	0.8558	1	0.9586	0.8799	0.2	0.9836	0.5	0.9770
D8-15	0.9406	1	0.9839	0.9638	0.8	0.9973	1.4	0.9969
D66-3	0.9332	2	0.9964	0.9573	0.6	0.9989	1	0.9970
D13-4	0.9537	0.6	0.9806	0.9655	0.8	0.9794	0.8	0.9818
DK22-8	0.8746	0.02	0.9652	0.8999	0.3	0.9985	0.8	0.9930
DK22-2	0.9968	0.6	0.9984	0.9983	2	0.9984	6	0.9984
D24-7	0.9739	1	0.9965	0.9949	2	0.9976	5	0.9970
Chelmsford H	0.9770	0.003	0.9995	0.9929	2	0.9972	3	0.9993
Chelmsford R	0.9921	1.00E+10	0.9961	0.9961	5	0.9996	8000	0.9961
Chelmsford G	0.9958	1.00E+10	0.9925	0.9925	15	0.9981	1000000	0.9902
D47-6	0.8997	0.05	0.9937	0.9161	0.3	0.9963	1.3	0.9953
095597	0.9984	5.00E+07	0.9920	0.9920	90000	0.9984	5000	0.9920
075516	0.9951	27	0.9962	0.9962	4	0.9964	55	0.9962
D8-9	0.9501	1.00E+07	0.9319	0.9319	10000	0.9501	1782	0.9318
D24-2	0.9804	1.00E+06	0.9617	0.9617	377	0.9803	312	0.9617
D24-4	0.9892	1.00E+07	0.9860	0.9860	7	0.9953	1318	0.9860
D23-1	0.9998	15000	0.9989	0.9989	7	1.0000	222	0.9989
D15-1	0.9952	0.6	0.9977	0.9947	1	0.9978	4	0.9978
HH103-3	0.9961	1.00E+07	0.9815	0.9815	210	0.9961	2000	0.9815
ZJ20-18	0.9962	1.00E+06	0.9882	0.9882	800	0.9962	1400	0.9882
MJ5515	0.9949	1.00E+07	0.9858	0.9858	460	0.9949	760	0.9857
DT1-8	0.9855	1.00E+08	0.9518	0.9519	2700	0.9854	770	0.9517
Barre T	0.9593	1.33E+09	0.9113	0.9113	1000000	0.9595	100000	0.9113
Barre TUL	0.9749	1.33E+09	0.9398	0.9398	7950	0.9749	100000	0.9398
Barre T-L	0.9934	1.33E+09	0.9483	0.9483	1000000	0.9934	3000000	1.0070
Barre 120	0.9955	2.18E+10	0.9872	0.9872	8	0.9994	20000	0.9872
Barre 600	0.9796	1.10E+09	0.9902	0.9902	6	0.9976	90000	0.9902
Barre P	0.9688	4.03E+09	0.8915	0.8915	1108	0.9686	2830	0.8915
Limestone 灰岩	0.9842	0.3	0.9913	0.9902	9	0.9913	2	0.9911

表 4-3　典型模型拟合相关系数

岩心编号	指数 R^2	指数 s_s	指数 s^2_s	乘幂 R^2	乘幂 s_s	乘幂 s^2_s	W模型 R^2	W模型 s_s	W模型 s^2_s	二项式 R^2	二项式 s_s	二项式 s^2_s
D15-2	0.8561	1.19E-03	6.37E-05	0.9963	8.16E-05	6.24E-07	0.8919	2.14E-05	4.70E-06	0.6469	2.98E-04	3.15E-05
D23-8	0.8695	2.31E-03	1.15E-04	0.9977	-1.95E-05	1.38E-06	0.9761	3.18E-04	1.10E-05	0.5452	7.55E-07	6.27E-05
D141-7	0.891	1.09E-03	5.78E-05	0.9978	1.12E-05	6.10E-07	0.9905	1.01E-04	3.24E-06	0.9286	-1.21E-07	2.41E-05
D141-7R	0.8817	9.34E-04	3.40E-05	0.997	-3.50E-05	1.16E-06	0.9924	3.26E-05	8.74E-07	0.9236	6.55E-07	1.41E-05
D8-10	0.8758	1.96E-03	6.23E-05	0.9972	-7.43E-05	1.12E-06	0.9791	2.41E-04	4.59E-06	0.747	1.18E-04	3.19E-05
D8-12	0.936	1.06E-03	2.54E-05	0.9987	-2.59E-06	1.71E-07	0.9738	2.02E-04	5.55E-06	0.8748	1.26E-06	1.56E-05
D8-12R	0.9324	1.70E-03	6.05E-05	0.9785	-4.01E-04	3.19E-05	0.9958	1.77E-04	1.04E-06	0.8953	4.05E-04	3.82E-05
S4	0.9081	2.57E-02	3.61E-03	0.997	5.47E-04	2.34E-06	0.9698	-2.02E-03	4.33E-05	0.2986	-1.23E-02	1.61E-03
S8	0.9223	7.62E-03	8.24E-04	0.9934	-2.81E-04	2.32E-04	0.9811	1.06E-03	6.97E-05	0.26	6.46E-06	4.44E-04
S10	0.8673	2.04E-02	7.95E-03	0.9916	5.15E-03	6.15E-04	0.9452	4.62E-03	2.07E-03	0.8351	-4.90E-01	2.63E-01
DK13-6	0.9506	5.41E-02	2.31E-02	0.8558	6.03E-04	1.11E-03	0.8799	4.43E-04	7.67E-04	0.9819	6.22E-04	1.44E-04
D8-15	0.9962	-9.37E-05	7.26E-06	0.9406	-1.32E-04	1.38E-04	0.9638	7.85E-05	6.94E-05	0.9945	-3.43E-06	9.79E-06
D66-3	0.9929	2.60E-06	3.93E-04	0.9332	-6.03E-04	5.84E-03	0.9573	4.19E-04	3.10E-03	0.9969	-4.81E-04	2.14E-04
D13-4	0.9778	1.55E-04	1.24E-04	0.9537	2.52E-06	2.84E-04	0.9655	1.69E-04	1.78E-04	0.9801	1.43E-05	8.71E-05
DK22-8	0.9877	-7.01E-06	7.46E-08	0.8746	2.33E-05	4.73E-07	0.8999	9.17E-04	3.73E-07	0.9873	3.82E-05	7.35E-08
DK22-2	0.994	1.34E-05	1.49E-07	0.9968	-2.55E-06	7.75E-08	0.9983	-1.89E-06	3.73E-08	0.9978	8.60E-07	4.77E-08
D24-7	0.9865	2.53E-05	1.86E-07	0.9739	-3.27E-05	1.94E-07	0.9949	-1.34E-05	1.45E-08	0.9726	2.43E-07	1.34E-07
Chelmsford H	0.9981	2.87E-05	1.69E-06	9.97E-01	-5.54E-05	6.49E-09	0.9929	3.00E-06	5.09E-10	0.9982	2.21E-08	8.75E-11
Chelmsford R	0.9679	2.28E-05	1.78E-08	0.9921	-1.13E-03	1.17E-08	0.9961	1.47E-04	7.41E-10	0.9961	-4.19E-06	1.16E-08
Chelmsford G	0.9524	4.96E-06	3.21E-09	0.9958	2.49E-06	1.99E-10	0.9925	1.64E-06	5.48E-10	0.9072	4.77E-08	5.19E-09

续表

岩心编号	指数			乘幂			W 模型			二项式		
	R^2	s_s	s^2_s	R^2	s_s	s^2_s	R^2	s_s	s^2_s	R^2	s_s	s^2_s
D47-6	0.9935	2.96E-05	2.09E-07	0.8997	2.63E-05	3.13E-06	0.9161	-2.66E-05	2.47E-06	0.9932	2.75E-07	1.91E-07
95597	0.9043	9.64E-05	1.17E-06	0.9984	6.69E-06	1.07E-08	0.992	4.89E-06	6.94E-08	0.9581	6.11E-07	3.67E-07
75516	0.938	5.20E-05	1.43E-06	0.9951	-6.36E-06	1.56E-07	0.9962	2.45E-05	8.20E-08	0.9781	-1.41E-06	3.87E-07
D8-9	0.8956	7.98E-05	5.35E-06	0.9501	6.33E-05	2.62E-06	0.9319	-2.15E-08	3.20E-06	0.9685	7.27E-06	1.31E-06
D24-2	0.955	2.42E-04	8.67E-06	0.9804	1.11E-04	3.94E-06	0.9617	6.96E-05	6.18E-06	0.9817	-7.16E-06	2.41E-06
D24-4	0.9033	4.56E-03	3.04E-04	0.9892	-1.30E-04	6.95E-05	0.986	4.22E-04	1.01E-05	0.822	3.62E-06	1.72E-04
D23-1	0.9925	1.50E-05	1.05E-07	0.9998	-3.71E-06	3.06E-09	0.9989	-6.00E-06	1.33E-08	0.998	-9.31E-07	2.17E-08
D15-1	0.9885	-5.04E-03	1.86E-06	0.9952	1.32E-05	6.13E-07	0.9947	-2.32E-05	4.36E-07	0.9957	-4.31E-06	5.88E-07
HH103-3	0.8949	2.26E-04	6.21E-06	0.9961	1.79E-05	6.81E-08	0.9815	-1.67E-05	6.22E-07	0.9165	1.38E-04	2.58E-06
ZJ20-18	0.8924	1.92E-04	2.17E-05	0.9962	1.44E-05	3.25E-08	0.9882	3.63E-06	1.42E-07	0.9498	-8.67E-08	7.71E-07
MJ5515	0.8377	2.90E-03	1.51E-04	0.9949	4.11E-04	2.76E-06	0.9858	7.21E-04	9.56E-06	0.2725	-2.00E-03	5.16E-05
DT1-8	0.8173	1.80E-02	2.42E-03	0.9855	2.04E-03	1.94E-04	0.9519	6.96E-03	5.06E-04	0.6053	-5.46E-03	1.22E-03
Barre T	0.9401	4.66E-04	8.85E-06	0.9593	9.70E-03	6.06E-06	0.9113	2.26E-04	8.30E-06	0.87	1.91E-06	7.33E-06
Barre TUL	0.9532	-5.13E-04	9.20E-07	0.9749	-4.35E-04	6.12E-07	0.9398	-4.86E-04	1.21E-06	0.5319	4.27E-02	1.82E-03
Barre T-L	0.9603	9.94E-04	2.41E-05	0.9934	2.81E-04	2.11E-06	0.9483	3.90E-04	1.65E-05	0.8989	-1.79E-02	3.39E-04
Barre 120	0.9318	2.36E-03	6.95E-05	0.9955	-6.12E-04	1.13E-05	0.9872	3.14E-04	6.37E-06	0.8778	5.32E-03	3.64E-04
Barre 600	0.9155	4.38E-04	3.52E-06	0.9796	-2.28E-04	1.50E-06	0.9902	3.35E-05	1.07E-07	0.7501	-5.85E-04	3.77E-06
Barre P	0.7529	4.57E-04	3.37E-06	0.9688	1.67E-04	5.65E-07	0.8915	1.22E-04	1.04E-06	0.6764	1.79E-07	1.98E-06
Limestone 灰岩	0.9506	9.38E-04	2.84E-06	0.9842	5.46E-04	1.86E-06	0.9902	6.25E-04	9.95E-07	0.9848	-3.54E-04	4.48E-07

注：表中 s_s 表示拟合渗透率 k_s 与渗透率 k 差值 a_s 的均值；s^2_s 表示拟合渗透率 k_s 与渗透率 k 差值平方和的均值。

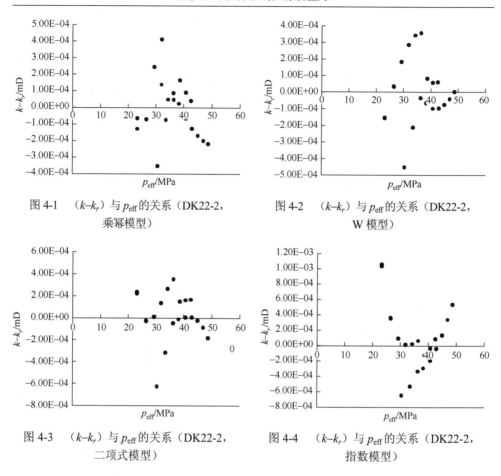

图 4-1　（$k-k_r$）与 p_{eff} 的关系（DK22-2，乘幂模型）

图 4-2　（$k-k_r$）与 p_{eff} 的关系（DK22-2，W 模型）

图 4-3　（$k-k_r$）与 p_{eff} 的关系（DK22-2，二项式模型）

图 4-4　（$k-k_r$）与 p_{eff} 的关系（DK22-2，指数模型）

　　用表 4-3 中标示出来的最佳拟合模型分别拟合割线有效应力、切线有效应力和 Terzaghi 有效应力与渗透率的关系，分别得到拟合相关系数 R_s^2、R_t^2 和 R_T^2 与 s_{sr}^2、s_{tr}^2 和 s_{Tr}^2（多种模型满足时，选择 R^2 最大值对应的模型，结果见表 4-4）。结果发现相关系数 R_s^2 最接近 1（s_{sr}^2 最小），R_T^2 值最小（s_{Tr}^2 最大），R_t^2 居于两者之间。对于以往测试的花岗岩（Chelmsford H、Chelmsford G 和 Chelmsford R），三种拟合相关系数基本上相等，这也许是以往研究过程中视有效应力系数等于 1（有效应力等于围压与孔隙流体压力差值）的原因——表 1-1 中可以发现花岗岩的有效应力系数主要都集中在 1 左右。在实验岩心 D141-7、D8-10 和 095597 中也观察到了类似的情况。然而，这些岩心研究的有效应力系数都不等于 1，是应力的函数。对比分析这些岩心的（$k-k_r$）与 p_{eff} 关系图（如图 4-5～图 4-7 中所示的 D141-7岩心的分析结果），（$k-k_r$）与割线有效应力之间的关系曲线分布对称性最好，且变化幅度最小，因此割线有效应力才符合有效应力的概念，这进一步证明本章所提出的计算有效应力系数的方法是正确的。

对于有效应力系数（近似）等于常数的岩心（D8-9、D24-2、D24-4、D23-1和 D15-1），渗透率等值线是直线，切线系数和割线系数基本上相等，对应的 R_t^2 和 R_s^2 与 s_{sr}^2 和 s_{tr}^2 基本上也相等。除此以外的岩心，随着渗透率等值线的非线性特征的明显增加，割线系数和切线系数的差异就越来越大，对应的相关拟合系数差异也逐渐增大，R_t^2 也越来越小、s_{tr}^2 越来越大。例如，砂岩 DK13-6、Limestone 灰岩和花岗岩 Barre T，花岗岩 Barre T 是张裂缝，其非线性特征相对于抛光裂缝花岗岩 Barre P 更加明显，如图 3-85 和图 3-88 所示。

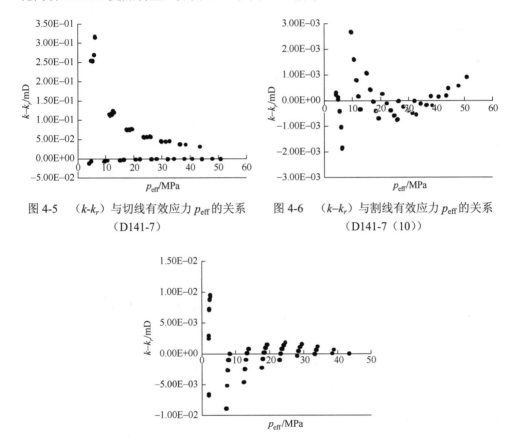

图 4-5　（k–k_r）与切线有效应力 p_{eff} 的关系（D141-7）

图 4-6　（k–k_r）与割线有效应力 p_{eff} 的关系（D141-7（10））

图 4-7　（k–k_r）与 Terzaghi 有效应力 p_{eff} 的关系（D141-7）

表 4-4　割线有效应力、切线有效应力和 Terzaghi 有效应力分别与渗透率关系拟合相关系数

岩心编号	R_s^2	s_{sr}^2	R_t^2	s_{tr}^2	R_T^2	s_{Tr}^2
D15-2	0.9963	6.24E-07	0.9786	1.21E-05	0.9469	3.64E-05
D23-8	0.9977	1.38E-06	0.9934	2.99E-06	0.951	5.27E-05
D141-7（10）	0.9978	6.10E-07	0.9758	1.89E-05	0.9754	1.32E-05
D141-7R	0.997	1.16E-06	0.9944	1.20E-06	0.9699	1.24E-05

续表

岩心编号	R_s^2	s_{sr}^2	R_t^2	s_{tr}^2	R_T^2	s_{Tr}^2
D8-10（10）	0.9972	1.12E−06	0.9958	8.11E−07	0.9711	1.87E−05
D8-12（15）	0.9987	1.71E−07	0.9893	1.63E−06	0.8887	3.09E−05
D8-12R	0.9958	1.04E−06	0.9771	4.79E−05	0.9532	7.02E−05
S4-UL	0.997	2.34E−06	0.9933	1.85E−04	0.8894	9.63E−04
S8-UL	0.9934	6.97E−05	0.9865	2.58E−04	0.9133	1.62E−03
S10	0.9916	6.15E−04	0.9903	5.08E−04	0.9063	5.18E−03
DK13-6	0.9819	1.44E−04	0.8552	1.15E−03	0.8357	9.67E−04
D8-15	0.9962	7.26E−06	0.9641	6.47E−05	0.9482	1.06E−04
D66-3	0.9929	3.93E−04	0.9874	6.64E−04	0.8962	6.15E−03
D13-4	0.9978	1.24E−04	0.914	3.65E−04	0.7468	9.74E−04
DK22-8	0.9877	7.46E−08	0.9843	9.06E−08	0.9311	5.23E−07
DK22-2	0.9983	7.75E−08	0.9897	2.19E−07	0.8924	2.13E−06
D24-7	0.9865	1.86E−07	0.9667	2.63E−07	0.8752	9.27E−07
Chelmsford H	0.9929	6.49E−09	0.9947	2.80E−10	0.9732	1.16E−09
Chelmsford R	0.9961	1.17E−08	0.9805	1.05E−08	0.9679	1.17E−08
Chelmsford G	0.9958	1.99E−10	0.9842	1.09E−08	0.9772	1.88E−08
D47-6	0.9935	2.09E−07	0.9714	8.73E−07	0.9343	1.77E−06
95597	0.9984	1.07E−08	0.9947	6.48E−08	0.9938	7.90E−07
75516	0.9962	1.56E−07	0.9598	9.99E−07	0.8966	2.29E−06
D8-9	0.9685	2.62E−06	0.9672	2.86E−06	0.9227	3.11E−06
D24-2	0.9817	3.94E−06	0.9804	3.94E−06	0.8379	1.78E−05
D24-4	0.9892	6.95E−05	0.9799	3.13E−04	0.9527	1.82E−04
D23-1	0.9998	3.06E−09	0.9798	3.06E−09	0.9206	8.40E−07
D15-1	0.9957	5.88E−07	0.9932	8.14E−03	0.9142	1.17E−05
HH103-3	0.9961	6.81E−08	0.9911	3.02E−07	0.8792	7.41E−07
ZJ20-18	0.9962	3.25E−08	0.9824	1.05E−07	0.8924	2.33E−06
MJ5515	0.9949	2.76E−06	0.994	1.48E−06	0.8865	5.36E−05
DT1-8	0.9855	1.94E−04	0.9861	9.18E−05	0.832	1.90E−03
Barre T	0.9593	6.06E−06	0.6063	4.24E−05	0.5846	3.50E−05
Barre TUL	0.9749	6.12E−07	0.3215	3.06E−05	0.4583	1.87E−05
Barre T-L	0.9934	2.11E−06	0.8861	2.81E−04	0.6938	8.80E−05
Barre 120	0.9955	1.13E−05	0.9761	1.51E−05	0.7608	2.24E−04
Barre 600	0.9902	1.50E−06	0.9382	9.64E−07	0.8181	1.13E−06
Barre P	0.9688	5.65E−07	0.9455	7.42E−07	0.9352	9.53E−07
Limestone 灰岩	0.9902	9.95E−07	0.02142	2.64E−05	0.8638	3.71E−06

注：R_s^2、R_t^2 和 R_T^2 分别表示割线有效应力、切线有效应力和 Terzaghi 有效应力分别与渗透率关系拟合的相关系数；s_{sr}^2、s_{tr}^2 和 s_{Tr}^2 分别表示割线有效应力、切线有效应力和 Terzaghi 有效应力对应下的渗透率 k 与拟合渗透率 k_r 差值平方和的均值。

4.3　应力敏感性系数与应力敏感性特征

用指数模型、乘幂模型和 W 模型分别拟合实验数据，得到岩心对应的应力敏感系数 β、α 和 S 见表 4-5。表中低渗砂岩 β 为 0.0097～0.1061MPa^{-1}，均值 0.04649MPa^{-1}；花岗岩（微裂缝）β 为 0.0184～0.02456MPa^{-1}，均值 0.02085MPa^{-1}；花岗岩（裂缝）β 为 0.02178～0.03301MPa^{-1}，均值 0.02671MPa^{-1}；Limestone 灰岩 β 是 0.181。低渗砂岩 α 为 0.2994～2.0808，均值 1.0084；花岗岩（微裂缝）α 为 1.1432～1.5893，均值 1.4041；花岗岩（裂缝）α 的变化范围是 1.2026～3.7376，均值 2.2764；Limestone 灰岩 α 为 0.6266。低渗砂岩 S 为 0.0751～0.8769，均值 0.3728；花岗岩（微裂缝）S 为 0.3213～0.4004，均值 0.3676；花岗岩（裂缝）S 变化范围是 0.3015～1.6269，均值 0.7865；Limestone 灰岩 S 为 0.2343。Limestone 灰岩的 β 最大，而对应的 S 最小；低渗砂岩和微裂缝花岗岩的 α 和 S 分别对应的均值比较接近；裂缝花岗岩的 α 和 S 对应的均值都最大，但是其对应的 β 相对较小。因此，不同应力敏感性系数表征的敏感性大小存在差异。

表 4-5　不同的应力敏感系数

岩心编号	指数模型	乘幂模型	W 模型	
	β	α	p_{ref}	S
D15-2	0.045	0.86	20.26	0.359
D23-8	0.067	1.21	16.74	0.549
D141-7	0.040	0.76	5.57	0.213
D141-7R	0.049	0.78	4.52	0.210
D8-10	0.078	1.30	16.79	0.594
D8-12	0.078	1.91	9.63	0.495
D8-12R	0.079	1.30	32.21	0.657
S4	0.097	1.68	13.23	0.743
S8	0.106	1.78	16.09	0.877
S10	0.072	1.50	13.67	0.695
DK13-6	0.014	0.39	14.49	0.112
D8-15	0.027	0.64	12.05	0.174
D66-3	0.028	0.78	37.77	0.256
D13-4	0.040	1.48	41.19	0.486
DK22-8	0.018	0.37	36.8	0.121
DK22-2	0.025	0.86	28.28	0.272

续表

岩心编号	指数模型	乘幂模型	W 模型	
	β	α	p_{ref}	S
D24-7	0.042	1.08	39	0.418
D47-6	0.012	0.30	34.99	0.075
95597	0.033	0.59	5.78	0.173
75516	0.028	0.48	7.5	0.144
D8-9	0.028	0.96	35.57	0.360
D24-2	0.055	2.08	26.12	0.606
D24-4	0.094	1.51	21.01	0.751
D23-1	0.041	1.41	27.14	0.433
D15-1	0.010	0.31	21.25	0.100
HH103-3	0.044	0.95	6.4	0.262
ZJ20-18	0.036	0.72	6.75	0.207
MJ5515	0.022	0.40	0.41	0.100
DT1-8	0.041	0.85	18.3	0.374
Chelmsford H	0.025	1.14	32.84	0.321
Chelmsford R	0.020	1.59	37	0.400
Chelmsford G	0.018	1.48	33.49	0.381
Barre T	0.035	4.31	116.04	1.871
Barre T-UL	0.029	3.74	83.43	0.988
Barre T-L	0.033	3.68	95.03	1.627
Barre 120	0.026	1.54	20.21	0.394
Barre 600	0.024	1.22	12.96	0.302
Barre P	0.022	1.20	21.08	0.622
Limestone 灰岩	0.181	0.6266	5.84	0.2343

　　研究低渗砂岩和花岗岩（微裂缝）的 β 变化范围与 David 等（1989）研究的低孔隙度岩石（包括致密砂岩和花岗岩）的 β 变化范围一致；但是裂缝花岗岩的 β 值远远小于 David 等（1989）指出的范围值（0.078～0.109MPa^{-1}），Limestone 灰岩 β 值大于 0.109MPa^{-1}。细粒-极细粒砂岩（ZJ20-18、MJ5515、95597 和 75516）的 β 和 α 均分别远大于 Dong 等（2010）列出的细粒砂岩 β 上限值 0.00796MPa^{-1} 和 α 上限值 0.313，而这四块细粒-极细粒砂岩的 β 值落在 Dong 等（2010）列出的裂缝页岩的范围内，这也许是因为 Dong 等选择的细粒砂岩属于孔隙性砂岩，而选择的这些细粒砂岩具有微裂缝特征。表 4-5 中低渗砂岩的 S 值跨越了 Jones 等（1980）指出的三个范围（高渗岩石 S 在 0.1～0.2 附近；低渗致密岩石 S 为 0.3～0.6；裂缝岩石 S 为 0.7～1.0），且分析多数岩石的 S 基本上都大于 0.3，对于裂缝

性的花岗岩甚至高达 1.871，这说明（微）裂缝是实验分析岩心的一个显著特征，这与微观研究发现实验岩心发育有微裂缝一致。

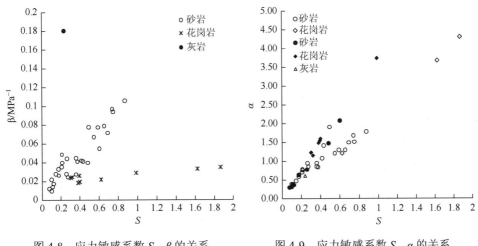

图 4-8　应力敏感系数 S、β 的关系　　　　图 4-9　应力敏感系数 S、α 的关系

对比分析应力敏感系数间的关系（图 4-8 和图 4-9），当 S 小于 0.25 或者大于 0.6 时，β 与 S 间线性相关性较好（除了灰岩之外）；而 S 在 0.25～0.6 时，β 有较大的变化范围；同时，花岗岩 β 随着 S 的增加而增加幅度较小，砂岩的 β 随着 S 的增加而增加幅度较大，这说明在表征花岗岩应力敏感时，宜选择应力敏感系数 S，而对于砂岩，可以同时选择参数 β 与 S。α 与 S 间的关系（图 4-9）表明，当 $\alpha<1$（S 在 0.4 左右时），α 与 S 间具有较好的线性相关性；当 $\alpha>1$ 时表现出了两种线性相关关系：一种是由空心点所示花岗岩 S、α 和砂岩 S、α 对应的曲线，另外一种是由实心点所示花岗岩 S、α 和砂岩 S、α 对应的曲线，实心点对应曲线在空心点对应曲线之上。空心点曲线上对应的花岗岩是 Barre T（或 Barre T L、Barre T UL）和 Barre P，根据本书第 2 章的分析可知，这两类花岗岩是相对容易变形从而引起渗透率变化较大。实心点曲线上对应的花岗岩是 Chelmsford H、Chelmsford R、Chelmsford G、Barre120 和 Barre 600，其中，Chelmsford 花岗岩并不含显裂缝，而是发育有微裂缝，Barre120 和 Barre 600 的变形小于 Barre T 和 Barre P。由此可见，实心点曲线上所对应的岩心应力敏感系数小于空心点曲线上所代表岩心的应力敏感系数。对比分析表 4-3 发现，满足指数模型和二项式模型的岩心基本上都落在实心点所代表的曲线上，空心点曲线上所代表的岩心基本上都是满足乘幂模型或 W 模型。

为明确区分各经验模型表征的应力敏感性，下面结合渗透率与有效应力关系曲线的形态特征、孔隙网络模型模拟实验数据的结果和岩石的微观特征，研究储层岩石的应力敏感性及其与指数模型、二项式模型、乘幂模型和 W 模型间的关系。

在双对数坐标下绘制渗透率与有效应力的关系曲线（log（k/k_r）-logp_{eff}），对比分析相似应力敏感性岩心的曲线。因为所分析岩心的实验压力不统一，所以在拟合之前需要对岩心的渗透率进行无因次化处理。在无因次化处理过程中，选择参考压力 p_{eff}=20MPa 下对应的参考渗透率 k_r。结果发现渗透率与有效应力的关系曲线表现为三种曲线簇（图4-10～图4-12）。图4.10 所示曲线簇表现出了向下弯曲的曲线特征，与 W 模型的曲线形态特征一样，对应的岩心有 6～10 块；图4-11 所示曲线簇中的曲线都非常直，且曲线的波动幅度很小，与乘幂模型（$\alpha \approx 1.0$）的曲线形态特征一样，对应的岩心有 7～9 块；图4-12 中所示曲线簇没有前面两种曲线簇那么有规律性，对应岩心约有 10 块，以指数模型或者二项式模型的岩心为主。

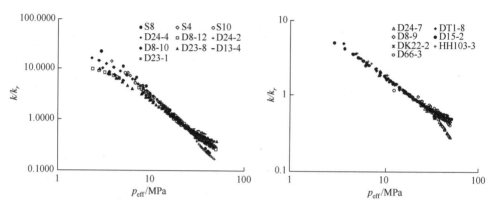

图 4-10　高应力敏感下无因次渗透率与有效应　　　图 4-11　中应力敏感下无因次渗透率与有
　　　　力的曲线簇　　　　　　　　　　　　　　　　　　效应力的曲线簇

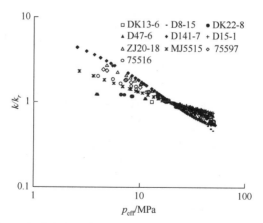

图 4-12　低中应力敏感下无因次渗透率与有效应力的曲线簇

对比表 4-5、图 4-8 和图 4-9 中的应力敏感系数间的关系和 S 值，曲此分析三种曲线簇后发现，一些岩心介于两种曲线簇间，例如，D24-7 介于图 4-10 所示曲线簇和图 4-11 所示曲线簇之间，D66-3 介于图 4-11 所示曲线簇和图 4-12 所示曲线簇之间。D24-7 对应的 S=0.4178，D66-3 对应的 S=0.2563，其对应的应力敏感系数 S 值恰好是 S、α 和 S、β 关系曲线上相关性是否较好的分界点。于是取 S=0.25 和 S=0.4 作为三种曲线簇划分的标准，同时将对应的图 4-10～图 4-12 所示岩心的应力敏感性划分为高、中、低三类。

因此，所分析的砂岩岩心主要表现出三种应力敏感性特征，应力敏感性高的岩心更符合 W 模型（裂缝特征明显的 Barre T 和 Barre P 属于此类），中应力敏感岩心更适于用乘幂模型表征（微裂缝花岗岩属于此类），低应力敏感岩心更满符合指数模型或者二项式模型（图 4-10～图 4-12）。

为进一步认识岩石所表现出来的应力敏感性特征，下面将结合孔隙网络模型模拟结果和岩石微观结构特征进行深入分析。本书第 3 章中的网络模拟结果表明，孔隙类型（如椭圆形、星形、G 模型等）以及表征这些孔隙类型的参数（如纵横比 ε、裂缝粗糙系数 m 和接触面积 R_A）对无因次渗透率随有效应力曲线形态影响显著。因此，使用网络模型模拟拟合实验数据时，原则就是选择适当的孔隙类型及其组合方式，调整参数（如 ε、m 和 R_A）及其百分比，使模拟应力敏感曲线与岩心应力敏感性实验曲线的形态和无因次渗透率的大小相匹配。

在网络模拟过程中，发现多种孔隙组合网络模型都可以拟合上一些岩心的实验数据，例如岩心 D23-1（图 4-13～图 4-16）。在对 D23-1 的模拟过程中，分别采用了星形、椭圆形、G 模型以及星形与椭圆形的组合方式成功地拟合上了实验数据；单独使用星形管束的组合方式是 27% 的 ε=0.1、13% 的 ε=0.005 和 60% 的 ε=0.0012，单独使用椭圆形管束的组合方式是 50% 的 ε=0.01、13% 的 ε=0.005 和 20% 的 ε=0.0012；单独使用 G 模型是 100% 的（m=0.1，R_A=0.006）。同时，再用 50% 的椭圆形管束和 50% 星形管束组合孔隙模型（保持孔隙参数 ε 的大小不变）拟合 D23-1 的实验数据，结果发现（图 4-14），ε 较大的管束增多，ε 较小（裂缝特征

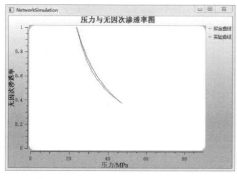

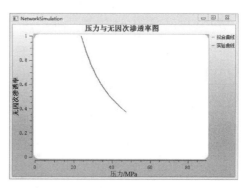

图 4-13　D23-1 星形（0.1（27%）+0.005（13%）+0.0012（60%））

图 4-14　D23-1 椭圆形（0.01（50%）+0.005（30%）+0.0012（20%））

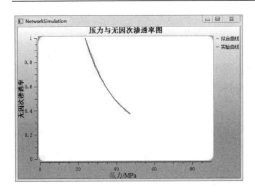 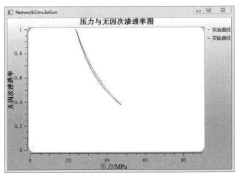

图 4-15　D23-1 50%星形（0.1（58%）+0.005（30%）+0.0012（12%））　　图 4-16　D23-1 G 模型（m=0.1，R_A=0.006）+50%椭圆形（0.01（45%）+0.005（45%）+0.0012（10%））

越明显，易于变形）的管束减少，这说明孔隙模型的组合不是简单的叠加。因此，为了增加应力敏感性特征间的对比性，将尽可能以相同孔隙类型的网络模型模拟拟合实验数据，模拟结果见表 4-5～表 4-7。

表 4-6　高应力敏感岩心的孔隙组合方式

岩心编号	组合方式
S8	100%G 模型（m=0.01，R_A=0.0016）
D24-4	100%G 模型（70%（m=0.01，R_A=0.0015）+25%（m=0.01，R_A=0.5）+5%（m=0.01，R_A=0.005））
S4	100%G 模型（m=0.01，R_A=0.0018）
S10	100%G 模型（m=0.01，R_A=0.0025）
D8-12	方式 1：100%G 模型（m=0.05，R_A=0.003） 方式 2：100%星形（0.1（10%）+0.005（10%）+0.0012（80%））
D24-2	100%星形（0.1（17%）+0.005（20%）+0.0012（63%））
D8-10	100%G 模型（m=0.05，R_A=0.003）
D23-8	100%G 模型（m=0.05，R_A=0.005）
D13-4	100%G 模型（m=0.1，R_A=0.0058）
D23-1	方式 1：100%G 模型（m0.1，R_A=0.006） 方式 2：100%星形（0.1（27%）+0.005（13%）+0.0012（60%）） 方式 3：100%星形（0.006）

同时，还发现各种模型拟合 D23-1 的结果都表明，其岩心中存在一定的裂缝特征孔隙，这与图 3-33 所示的特征一致。表 4-6 中的高应力敏感岩心拟合模型以

裂缝模型 G 模型为主，保持岩心粗糙度为 0.01 不变的条件下，接触面积由 0.001 逐渐增加到 0.01 的过程中，实验岩心应力敏感性逐渐减弱，并向中等应力敏感性过渡（表 4-6～表 4-7）。随着星形形状参数 ε 从 0.006 逐渐增加到 0.015，岩石的应力敏感性继续减弱，并向弱应力敏感性过渡（表 4-7～表 4-8）。实验所分析的应力敏感性最低的岩心是 D15-1，星形形状参数 ε 增加到 0.1，椭圆纵横比增加到 0.02，G 模型的粗糙度和接触面积分别是强应力敏感岩心对应参数的 10 倍和 500 倍。同时，应力敏感性从强逐渐降低的过程，也是星形孔隙网络模型中 ε 数值逐渐增大，且较大 ε 对应百分数增加而较小 ε 对应百分数减少的过程。这也是岩石裂缝特征弱化、孔隙特征增强的一个过程。结合岩石的孔隙微观特征发现，强应力敏感岩心（如图 3-1～图 3-3 所示的 D23-8、D8-10 和 D8-12，铸体薄片图 3-29～图 3-34 和图 3-37、图 3-39 所示的 S4、S8、D8-10、D8-12、D23-1、D13-4、D24-4 和 D24-2）体现出了类似裂缝的孔隙且孔隙的分选性较差（图 3-45），这样的孔隙在应力变化过程中容易发生变形而导致渗透率发生显著变化，通过表 4-6 发现，这类岩心类似裂缝的孔隙占主要部分且以 G 模型为主。弱应力敏感岩心（如图 3-5～图 3-6 所示的 ZJ20-18、MJ5515，铸体薄片图 3-35、图 3-36、图 3-40 和图 3-41 所示的 DK13-6、D15-1、ZJ20-18 和 D15-1）孔隙连通性好，分选性好（图 3-46、图 3-49），且孔隙性特征的孔隙也更多，这与表 4-8 中模拟得到的 ε 增加且对应较大 ε 的百分数也增多的结果一致（网络模型以星形或者椭圆形模型为主）。中等应力敏感岩心（图 3-4 所示的 D15-2 和图 3-38 所示的 D66-3）的孔隙结构特征介于强应力敏感性和弱应力敏感性岩心之间，这与孔隙网络模型模拟参数结果一致。

表 4-7　中应力敏感岩心的孔隙组合方式

岩心编号	组合方式
D24-7	方式 1：100%G 模型（m=0.01，R_A=0.01） 方式 2：100%星形（0.0067）
DT1-8	方式 1：100%G 模型（m=0.01，R_A=0.012） 方式 2：100%星形（0.1（67%）+0.005（0%）+0.0012（33%））
D8-9	方式 1：100%G 模型（m=0.01，R_A=0.015） 方式 2：100%星形（0.1（35%）+0.005（5%）+0.0014（60%））
D15-2	100%G 模型（m=0.01，R_A=0.015）
DK22-2	方式 1：100%G 模型（m=0.01，R_A=0.026） 方式 2：100%星形（0.014）
HH103-3	100%星形（0.5（30%）+0.005（10%）+0.0012（60%））
D66-3	方式 1：100%椭圆形（0.02（60%）+0.005（40%）） 方式 2：100%星形（0.015）

表 4-8　低应力敏感岩心的孔隙组合方式

岩心编号	组合方式
D141-7	100%星形（0.1（40%）+0.005（0%）+0.002（60%））
ZJ20-18	100%星形（0.5（35%）+0.005（15%）+0.0012（50%））
D8-15	100%星形（0.02）
DK22-8	方式1：100%星形（0.07） 方式2：100%椭圆形（0.02（85%）+0.005（15%））
DK13-6	方式1：100%星形（0.08） 方式2：100%椭圆形（0.015）
D15-1	方式1：100%星形（0.1） 方式2：100%椭圆形（0.02） 方式3：100%G 模型（$m=0.1$，$R_A=0.5$）
D47-6	100%椭圆形（0.02（80%）+0.01（20%））
MJ5515	100%星形（0.8（45%）+0.005（15%）+0.0012（40%））
075597	100%星形（0.5（39%）+0.005（15%）+0.0012（46%））
075516	100%星形（0.5（45%）+0.005（15%）+0.0012（40%））

　　因此，虽然根据经验模型与实验数据的拟合很难确定岩石的应力敏感性特征，但是经过分析应力敏感系数间的关系、岩心渗透率与有效应力关系曲线特征、孔隙网络模型模拟拟合结果以及岩石微观特征，得到了以应力敏感系数 S 来划分高、中、低应力敏感性的标准，并且论证得到强应力敏感岩心更符合 W 模型，低应力敏感岩心更符合指数模型和二项式模型，中等应力敏感岩心符合乘幂模型。

　　前面分析指出低应力敏感性对应岩心的渗透率与有效应力的曲线簇（图 4-19）规律性最差。对应的岩心包括两类岩石，一类是粗砂岩屑砂岩或石英砂岩，这些岩石的显著特点是黏土矿物以高岭石为主，高岭石溶蚀孔普遍（图 3-35、图 3-36），孔隙连通性好，孔隙度高，符合指数模型或者二项式模型；另一类是细砂或者极细砂岩屑长石砂岩和长石岩屑砂岩，黏土矿物以绿泥石为主，长石溶蚀孔、粒缘缝和拉长状贴粒孔发育，孔隙连通性好（如图 3-5、图 3-6、图 3-19、图 3-40、图 3-41、图 3-43 和图 3-44），符合乘幂模型。第二类岩石中发育的粒缘缝和拉长状贴粒孔可能使岩石符合乘幂模型；然而这些岩石骨架颗粒较小，发育的粒缘缝和拉长状贴粒孔与对应岩石的孔隙特征接近，从而使得岩石呈现出孔隙的特征，表现为对应毛细管压力曲线的分选性好（图 3-46），这与第一类岩石的毛细管压力曲线的分选性一样（图 3-49）。因此，两类岩心都表现为弱应力敏感性。

　　将典型模型表征的三种应力敏感下的岩心（图 4-10～图 4-12）与其岩性和成

岩顺序（表 3-3）进行对比分析发现，粗粒及粗粒以上岩心的颗粒直径较大且分选性不是很好（见表 4-3，如 S4、S8、S10、D23-1、D23-8、D13-4、D24-2 和 D24-4，其中 D13-4、D24-2 和 D24-4 的分选性差），岩石颗粒与孔隙间的差异较大，表现为较大 C_{pck} 值，岩心对应强应力敏感性且满足 W 模型。细粒-极细粒岩心颗粒直径较小且分选性好（附表 A-5），颗粒与孔隙间的差异也最小，表现为较小 C_{pck} 值，岩心对应低应力敏感性，中粒岩石颗粒与孔隙间的差异居于两者之间，对应中等应力敏感性且满足乘幂模型（如 D24-7 和 HH103-3），这与前面分析得到的岩石参数 C_{pck} 越大，应力敏感性越强的观点一致。这说明岩石颗粒直径及其与孔隙间的关系影响岩石的应力敏感性。

然而，当粗砂及其粗砂以上岩石中以高岭石胶结物为主时，岩石不表现为强应力敏感性，而表现为中等应力敏感（如 D8-9、DT1-8、D66-3 和 D15-2）且符合乘幂模型，甚至表现为弱应力敏感性（如 D47-6、D8-15、D15-1 和 DK22-8）且符合指数模型或者二项式模型。岩石中以混层黏土矿物胶结物或者伊利石胶结物为主时，岩石将会表现出强的应力敏感性且满足 W 模型，例如，中砂砂岩 D8-10 和 D8-12。前面所述强应力敏感性的粗砂及以上岩石中黏土矿物胶结物都不是高岭石胶结物，例如 S4、S8 和 S10 是伊利石胶结物，D23-1 和 D23-8 是以黏土矿物转化物（即混层矿物）为胶结物。长石岩屑砂岩或者岩屑长石砂岩黏土矿物以绿泥石和黏土矿物转化物为主，其岩心满足乘幂模型且表现为弱应力敏感性。D24-2 黏土矿物胶结物很少，颗粒分选性差，虽然岩心对应强应力敏感性且满足 W 模型，但是却与以高岭石胶结物为主的岩心一起落在图 4-11 中所示的空心点所代表的曲线上。这说明黏土矿物胶结物将影响岩石的应力敏感性，这与 David 等（1994）的观点一致。然而，与其认识的结果有所区别，即胶结的黏土矿物类型不同，影响规律不一样，高岭石胶结物的存在可能减弱应力敏感性，伊利石或者混层矿物胶结物存在时可能会表现为较强的应力敏感性。

综合上面的分析可以发现，W 模型、指数模型和二项式模型是具有物理意义的模型。W 模型是基于平板裂缝模型推导得到的，Jones 经验模型中应力敏感系数 S 具有明确的物理含义，满足 W 模型的岩心表现为强应力敏感性，且岩心具有较小孔隙度和类似裂缝状的孔隙（表 4-1、表 4-6 和图 3-1～图 3-3）。转换星形孔隙模型和类三角孔隙模型可得到指数模型以及应力敏感系数 β 的表达式，只是 β 中包含了无明确物理意义的拟合指数 "n"；然而结合实验数据的分析发现，指数模型拟合效果较好时 n 等于 1，这表明 β 与 S 一样，也是具有明确物理意义的参数，满足指数模型的岩心表现为弱应力敏感性，且岩心具有较大的孔隙度和较好的连通孔隙（表 3-1、表 4-8 和图 3-35～图 3-36）。二项式模型与椭圆孔隙模型具有明确的对应关系（方程（4-3）和方程（4-14）），拟合实验数据时，指数模型拟合效果较好的岩心，二项式模型的拟合效果也较好，且网络模拟得到的椭圆孔隙模型中纵横比较大的孔隙所占比例多（表 4-8）。作为经验模型的乘幂模型不具有明确的物理意义。对比裂缝理论模型分析得到了乘幂模型中应力敏感系数 α 的表达式，其中也包含了无明确物理意义的指数 "n"，拟合实验数据分析发现乘幂模型拟合效果较好时，n 值一般都较大且分布范围广（表 4-2），其对应的岩心孔隙度变化范围较大且孔隙结构也相对复杂（表 3-1 和图 3-4、图 3-40 和图 3-43）。

对比分析砂岩岩心的割线系数（表 3-6）和岩心对应的最佳经验模型及其应力敏感性（表 4-3 和图 4-10～图 4-12）发现，有效应力系数 κ_s 值＞0 的岩心（D8-15、D22-8 和 D47-6）满足二项式模型或指数模型；κ_s 有负值出现的岩心都满足乘幂模型或者 W 模型（S4、S8、S10、D8-10、DT1-8、HH103-3、ZJ20-18、MJ5515），并且这些岩心包含了高、中、低三种应力敏感性，这与李闽等（2009a）的有效应力系数负值的出现是岩石强应力敏感性所致的结论不一样。

最后，结合前面的应力敏感性研究和表 4-1 发现，石炭系太原组是石英砂岩，应力敏感性较强；二叠系山西组的 S_1 和 S_2 以岩屑砂岩为主，也表现了较强的应力敏感性；二叠系石盒子组 H_1 以岩屑砂岩为主，应力敏感性较强，而 H_3 应力敏感性相对较弱；三叠系的延长组和侏罗系的蓬莱镇组岩石颗粒较小，以长石岩屑砂岩为主，表现为弱应力敏感性。

4.4　应力敏感性模型在数值模拟中的应用

非线性有效应力控制着低渗砂岩渗透率及其变化，渗透率的变化表现出了三种典型特征，分别可以用不同应力敏感模型——W 模型、乘幂模型和指数模型（或者二项式模型）来表征。因此，可借助现有商业软件 ECLIPSE2006，开展考虑非线性有效应力控制下的渗透率应力敏感模型对单井产量、采出程度、地层压力等变化规律的影响研究。

4.4.1　单井地质模型

本书在某气田储层参数的基础上，建立了圆形地层中心一口生产井的理想地质模型（垂向上网格大小均匀分布，径向上网格大小逐渐增加，近井地带为小的网格）。采用黑油模型进行数值模拟研究，流体仅有气相，可压缩，且不考虑温度变化的影响。模拟过程中，为了分析渗透率应力敏感特征，着重考虑了渗透率对孔隙流体压力和孔隙流体压力对渗透率的相互耦合作用（气藏上覆岩石压力不变）。

4.4.2　数据准备

模型中输入的储层和流体基本参数与天然气 PVT 数据分别见表 4-9 和表 4-10。

表 4-9　储层和流体基本参数

储层顶深/m	2764.9	地层原始压力/MPa	21.926
储层厚度/m	20	天然气相对密度	0.48
孔隙度/%	6.976	泄气半径/m	400
渗透率/mD	0.0239	—	—

表 4-10　天然气 PVT 数据

压力/MPa	Z 因子	体积系数	黏度/mP·s	压力/MPa	Z 因子	体积系数	黏度/mP·s
1	1.003	0.1241	0.013	13.03	0.902	0.0086	0.0155
2	0.990	0.0613	0.013	14.09	0.899	0.0079	0.0159
4.5	0.963	0.0265	0.0134	15.00	0.897	0.0074	0.0163
5.2	0.956	0.0227	0.0135	16.05	0.895	0.0069	0.0167
6.15	0.947	0.0190	0.0137	17.60	0.894	0.0063	0.0174
7.09	0.938	0.0164	0.0138	19.07	0.895	0.0058	0.0181
8.1	0.93	0.0142	0.0141	21.06	0.898	0.0053	0.0191
9.11	0.923	0.0125	0.0143	23.02	0.903	0.0049	0.0201
10.09	0.917	0.0112	0.0146	25.06	0.911	0.0045	0.0212
10.59	0.914	0.0107	0.0147	26.82	0.92	0.0042	0.0221
11.1	0.911	0.0102	0.0149	27.81	0.925	0.0041	0.0227
11.59	0.908	0.0097	0.0150	28.80	0.931	0.004	0.0232
12.11	0.906	0.0093	0.0152	29.79	0.937	0.0039	0.0237
12.37	0.905	0.0091	0.0153	30.78	0.943	0.0038	0.0242

4.4.3　考虑应力敏感的单井数值模拟

1. 模拟方案与模拟过程

基于实验数据建立的三种渗透率与有效应力关系模型（W 模型、乘幂模型和指数模型），分别设计了三种方案：

（1）不考虑应力敏感性模型，即各个网格块上渗透率不随压力的变化而改变；

（2）基于 Terzaghi 有效应力的应力敏感性模型，即 Terzaghi 有效应力控制各个网格块上渗透率的变化；

（3）基于研究得到的非线性有效应力的应力敏感性模型，即非线性有效应力控制各个网格块上渗透率的变化。

除了不考虑应力敏感性的方案之外，其余两个方案需要在模拟过程中实现渗流场与应力场之间的耦合，即渗透率与孔隙流体压力之间的相互耦合作用。因此，模拟过程中将气藏的整个生产时间（设定时间是 15 年）划分为连续的多个时间步长。第一个时间步长（生产初期）采用原始储层渗透率，随后的时间步长都将考虑渗透率孔隙流体压力间的相互作用。其具体实现过程如下：导出上一个时间步长结束时各个网格块上的孔隙流体压力，根据实验获取的割线系数 κ_s 与上覆岩石压力和孔隙流体压力的差值（p_c-p_f）间的关系，以此计算有效应力系数；接着，计算各个网格块上的有效应力（$p_{\mathrm{eff}}=p_c-\kappa_s p_f$），再依据选择的渗透率与有效应力间的模型（W 模型、乘幂模型或者指数模型）计算各个网格块上的渗透率，建立起无因次渗透率与各个网格块上孔隙流体压力的关系。然后，计算各个网格块上在经历了上一个时间步长生产之后的渗透率。最后，将各网格块上一个时间步长结束时导出的孔隙流体压力和此压力下对应的渗透率输入到地质模型中，作为该时间步长下地质模型的基础数据继续进行模拟。这样依次循环直到设定的模拟时间结束。鉴于渗透率在初期变化较大，于是开始阶段设定的时间步长时间短，随生产的进行，应增加模拟步长的时间（设置的间隔时间步长和时间见图 4-17）。

W 模型、乘幂模型和指数模型分别是基于应力敏感性较强的 S8、应力敏感性中等的 D15-2 和低应力敏感性的 D47-6 得到的。模拟过程定井底流压进行生产。

2. 模拟结果与分析

根据数值模拟运算结果，得出了 W 模型、乘幂模型和指数模型对应的三种方案下平均地层压力、日产气量和累积产气量对比曲线（图 4-17～图 4-25）。

从图中可以看出，对于任何一种渗透率与有效应力间关系的模型，不考虑应力敏感性方案下的日产气量、累积产气量和采出程度最高，平均地层压力最低；基于 Terzaghi 有效应力的应力敏感性方案下的日产气量、累积产气量和采出程度最低，平均地层压力则最高；基于实验的非线性有效应力的应力敏感性方案下的结果介于两者之间。同时，还发现各模型下的产量都是在生产初期递减最快。

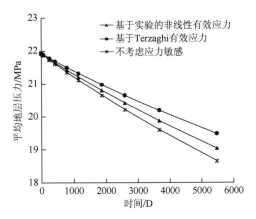

图 4-17　W 模型平均地层压力变化曲线

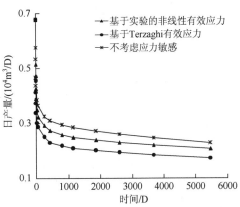

图 4-18　W 模型日产气量变化曲线

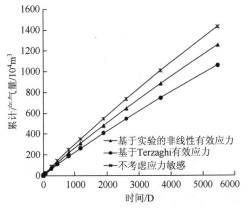

图 4-19　W 模型累积产气量变化曲线

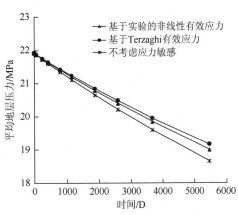

图 4-20　乘幂模型平均地层压力变化曲线

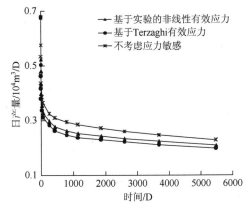

图 4-21　乘幂模型日产气量变化曲线

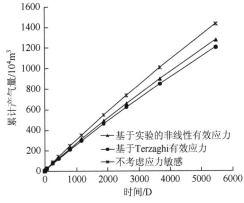

图 4-22　乘幂模型累积产气量变化曲线

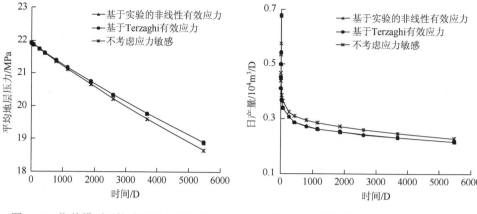

图 4-23　指数模型平均地层压力变化曲线　　　　图 4-24　指数模型日产气量变化曲线

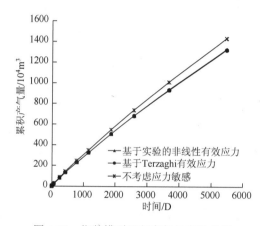

图 4-25　指数模型累积产气量变化曲线

在相同有效应力控制下（如基于实验得到的非线性有效应力），通过 W 模型下的应力敏感性方案得到的日产气量和累积产气量最低，而地层压力最高；通过指数模型下的应力敏感性方案得到的日产气量和累积产气量最高，而地层压力最低；乘幂模型下的应力敏感性方案结果介于两者之间。

同时，还可以发现渗透率与有效应力间的模型（W 模型、乘幂模型到指数模型），对应的 Terzaghi 有效应力和非线性有效应力控制下的地层压力、日产气量和累积产气量与时间的关系曲线逐渐趋于重合。其原因是渗透率随有效应力增加而降低的幅度减小，即使有效应力降低值不相等，但是渗透率的变化却很接近。

由此可见，不仅有效应力对单井开发指标有影响，而且渗透率与有效应力的关系模型也对单井开发指标有影响。因此，基于储层岩石有效应力研究渗透率与有效应力的关系模型对正确认识储层岩石的应力敏感性及其对生产的影响至关重要。

4.5　本 章 小 结

本章对比分析了渗透率与有效应力间的经验模型和理论模型,得到了经验系数的物理意义,并发现对数函数中的应力敏感系数 S 具有明确的物理意义。同时,结合实验数据和岩石的微观结构特征,进一步分析了应力敏感性的划分标准。此外,本章提出了流固耦合的模拟方案,并通过模拟得到不同渗透率与有效应力关系下单井开发指标变化不一样的结论。

参 考 文 献

沉积岩中黏土矿物的总量和常见非黏土矿物 X 射线衍射定量分析方法. 1996. 中华人民共和国
　　石油天然气行业标准. SY/T 6210-1996, 北京：石油工业出版社.

陈丽华. 1990. 电镜扫描在石油地质上的应用. 储集岩研究方法丛书, 北京：石油工业出版社.

储层敏感性流动实验评价方法. 2002. 中华人民共和国石油天然气行业标准. SY/T 5358-2002,
　　北京：石油工业出版社.

崔俊, 陈登钱, 姚熙海, 等. 2008. 南冀山油田浅层颗粒灰岩孔隙类型及成岩作用分析. 特种油
　　气藏, 15（4）：58-62.

代平. 2006. 低渗透应力敏感油藏实验及数字模拟研究. 成都：西南石油大学.

邓海顺, 许贤良, 朱兵. 2004. 椭圆管内的层流问题. 中国工程机械学报, 2（2）：161-163.

丁艳艳. 2011. 低渗砂岩渗透率有效应力研究. 成都：西南石油大学.

何更生, 唐海. 2011. 油层物理. 北京：石油工业出版社.

胡雪涛, 李允. 2000. 随机网络模拟研究微观剩余油分布. 石油学报, 21（4）：46-51.

兰林, 康毅力, 等. 2005. 储层应力敏感性实验方法与评价指标探讨. 钻井液与完井液, 22（3）：
　　1-4.

李传亮. 2006. 储层岩石的应力敏感性评价方法. 大庆石油地质与开发, 25（1）：40-42.

李闽, 肖文联. 2008. 低渗砂岩储层渗透率有效应力定律实验研究. 岩土力学与工程学报, 27
　　（2）：3535-3540.

李闽. 2009. 低渗砂岩有效应力规律与应力敏感性研究. 成都：西南石油大学石油.

李闽, 肖文联, 郭肖, 等. 2009. 塔巴庙低渗致密砂岩渗透率有效应力定律实验研究. 地球物理
　　学报, 52（12）：3166-3174.

李允. 1999. 油藏模拟. 北京：石油工业出版社.

刘庆杰, 王金勋. 2001. 应用孔隙网络模型研究致密介质中气体渗流的滑脱效应. 第六届全国流
　　体力学会议论文集, 314-317.

刘仁静, 刘慧卿, 张红玲, 等. 2011. 低渗透率储层应力敏感性及其对石油开发的影响. 岩石力
　　学与工程学报, 30（1）：2697-2702.

罗哲潭. 1986. 油气储集层的孔隙结构. 北京：科学出版社.

乔丽苹, 王者超, 李术才. 2011. 基于 Tight gas 致密砂岩储层渗透率的有效应力特性研究. 岩石
　　力学与工程学报, 30（7）：1422-1427.

秦曾煌. 2003. 电工学（上册·第五版）. 北京：高等教育出版社.

任磊夫. 1988. 物转化过渡结构. 沉积学报, 6（1）：80-87.

阮敏, 王连刚. 2002. 低渗油田开发与压敏效应. 石油学报, 23（3）：73-76.

碎屑岩成岩阶段划分. 2003. 中华人民共和国石油天然气行业标准, SY/T 5477-2003, 北京：石
　　油工业出版社.

唐雁冰. 2012. 基于逾渗网络模型的多孔介质电阻率性质研究. 成都：西南石油大学.

汪荣鑫. 2004. 数理统计. 西安：西安交通大学出版社.

吴曼, 杨晓松, 陈建业. 2011. 超低渗透率测量仪的测试标定及初步测量结果. 地震地质, 33（3）：719-735.

肖文联, 赵金洲, 李闽, 等. 2012. 富含黏土矿物的低渗砂岩变形响应特征研究. 岩土力学, 33（8）：2444-2450.

肖文联. 2009. 鄂北低渗砂岩渗透率有效应力方程与应力敏感性研究. 成都：西南石油大学.

徐芝纶. 2006. 弹性力学（第四版）. 北京：高等教育出版社.

岩石薄片鉴定. 2000. 中华人民共和国石油天然气行业标准, SY/T 5368-2000, 北京：石油工业出版社.

岩石毛管压力曲线的测定. 2005. 中华人民共和国石油天然气行业标准. SY/T 5346-2005, 北京：石油工业出版社.

岩石制片方法. 2004. 中华人民共和国石油天然气行业标准, SY/T 5913-2004, 北京：石油工业出版社.

杨献忠, 叶念军. 2003. 石转化过程中伊蒙混层形成的 Gibbs 自由能. 地质地球化学, 31（3）：20-25.

尹尚先, 王尚旭. 2006. 不同尺度下岩层渗透性与地应力的关系及机理. 中国科学 D 辑地球科学, 36（5）：472-480.

于忠良, 熊伟, 高树生, 刘军平. 2007. 致密储层应力敏感性及其对油田开发的影响. 石油学报, 28（4）：95-98.

袁恩熙. 2002. 工程流体力学. 北京：石油工业出版社.

曾联波, 高春宇, 漆家福, 等. 2008. 鄂尔多斯盆地陇东地区特低渗砂岩储层裂缝分布规律及其渗流作用. 中国科学 D 辑：地球科学, 38（1）：41-47.

赵杏媛, 张有瑜. 1990. 黏土矿物与黏土矿物分析. 北京：海洋出版社.

赵秀才. 2009. 数字岩心及孔隙网络模型重构方法研究. 北京：中国石油大学.

郑玲丽, 李闽, 肖文联, 等. 2008. 最大似然函数法确定渗透率有效应力系数. 新疆石油地质, 29（6）：747-749.

郑玲丽, 李闽, 钟水清, 等. 2009. 低渗致密砂岩有效应力方程研究. 石油学报, 30（4）：588-592.

郑玲丽. 2009. 镇泾地区长 8 段油藏渗透率有效应力规律研究. 成都：西南石油大学.

郑荣臣, 王昔彬, 刘传喜. 2006. 致密低渗气藏储集层应力敏感性试验. 新疆石油地质, 27（3）：345-347.

朱淑敏. 2008. 沉积岩石学（第四版）. 北京：石油工业出版社.

Adler P M, Jacquin C G, Quiblier J A. 1990. Flow in simulated porous media. International Journal of Multiphase Flow, 16（4）：691-712.

Al-Wardy W, Zimmerman R W. 2004. Effective stress law for the permeability of clay-rich sandstones . Journal of Geophysical Research, 109：4-20.

Aruna M, Arihara N, Ramey H J. 1977. The Effect of temperature and stress on the absolute permeability of sandstones and limestones. Presented at the American Nuclear Society Topical Meeting.

Batisa M. 1999. Stresses in a confocal elliptic ring subject to uniform pressure. The Journal of Strain Analysis for Engineering Design, 34：217-221.

Bernabé Y. 1986. The effective pressure law for permeability in Chelmsford granite and Barre granite. International Journal of Rock Mechanics and Mining Science and Geomechanics Abstracts，23 （3）：267-275.

Bernabé Y. 1987. The effective pressure law for permeability during pore pressure and confining pressure cycling of several crystalline rocks. Journal of Geophysical Research，92：649-657.

Bernabé Y.1995. The transport properties of networks of cracks and pores. Journal of Geophysical Research，100：4231-4241.

Bernabé Y，Brace W F. 1982. Permeability，porosity and pore geometry of hot-pressed calcite. Mechanics of Materials，21：173-183.

Bernabé Y，Li M. 2010. A maineult，permeability and pore connectivity：a new model based on network simulations. Journal of Geophysical Research，115：10-20.

Bernable Y.1988. Comparison of the effective pressure law for permeability and resistivity formation factor in chelmsford granite. Pure and Applied Geophysics，127（4）：607-625.

Berryman J G.1992. Effective stress roe transport properties of inhomogeneous porous rock. Journal of Geophysical Research，97（2）：17409-17424 .

Box G P，Draper N R. 1987. Empirical Model-Building and Response Surfaces. New York：John Wiley and Sons Inc.

Brace W F，Walsh J B，Frangos W T. 1968. Permeability of granite under high pressure . Journal of Geophysical Research，73（6）：2225-2236.

Casse F J，Ramey H J. 1979. The effect of temperature and confining pressure on single-phase flow in consolidated rocks . Journal of Petroleum Technology，25：1051-1059.

David C，Dart M. 1989. Permeability and conductivity of sandstones. France：ISRM International Symposium.

David C，Wong T F，Zhu W L，et al. 1994. Laboratory measurement of compaction-induced permeability change in porous rocks：implications for the generation and maintenance of pore pressure excess in the crust. Pure and Applied Geophysics，143：425-456.

Dong H，Martin J. 2009. Blunt，Pore-network extraction from micro-computerized-tomography images . Physical Review E，80：36-37.

Dong J J，Hsu J Y，Wu W J，et al. 2010. Stress-dependence of permeability and porosity of sandstone and shale from TCDP hole-A. International Journal of Rock Mechanics and Mining Science and Geomechanics Abstracts，47：1141-1157.

Doyen P M. 1993. Permeability，conductivity，and pore geometry of sandstone. Journal of Geophysical Research，7729-7740.

Dunsmuir J H，Fergurson S R，D'Amico K L，et al. 1991. Stokes X-Ray microtomography：a new tool for the characterisation of porous media. Proceedings of the SPE Annual Meeting. Dallas，6-9.

Fatt I.1956a. The network model of porous media，I：Capillary pressure characteristic. Transactions of the American Institute of Mining and Metallurgy，207：144-159.

Fatt I.1956b The network model of porous media，II：Dynamic properties of a single size tube network. Transactions of the American Institute of Mining and Metallurgy，207：160-163.

Fatt I. 1956c. The network model of porous media，III：Dynamic properties of network with tube radius distribution. Transactions of the American Institute of Mining and Metallurgy，207：164-176.

Fredrich J T. 1993. 3D imaging of porous media using laser scanning confocal microscopy with application to microscale transport processes . International Journal of Rock Mechanics and Mining Science and Geomechanics Abstracts，24：551-561.

Fredrich J T，Menendez B，Wong T F. 1995. Imaging the pore structure of geomaterials . Science，268：276-279.

Gangi A F. 1978. Variation of whole and fractured porous rock permeability with confining pressure . International Journal of Rock Mechanics and Mining Science and Geomechanics Abstracts，15：249-257.

Gangi A F. 1981. The variation of mechanical and transport properties of cracked rock with pressure. The 22nd U. S. Symposium on Rock Mechanics （USRMS），Cambridge.

Ghabezloo S，Sulem J，Guedon s，et al. 2009. Effective stress law for permeability od a limestone. International Journal of Rock Mechanics and Mining Science and Geomechanics Abstracts，46：297-306.

Hazlett R D. 1997. Statistical characterization and stochastic modeling of pore networks in relation to fluid flow. Mathematical Geology，29：801-821.

Hunt A，Ewing R. 2009. Percolation theory for flow in porous media. Berlin：Springer.

Jaeger J C，Cook R W. 2007. Fundamentals of rock mechanics. USA：Blackwell .

Jerauld G R，Hatfield J C，Scriven L F，et al. 1984a. Percolation and conduction on voronoi and triangular networks：a case study in topological disorder. Journal of Physics C：Solid State Physics，17：1519-1529.

Jerauld G R，Scriven L F，Davis H T. 1984b. Percolation and conduction on the 3D Voronoi and regular network：a second case study in topological disorder. Journal of Physics C：Solid State Physics，17：3429-3439.

Jones F O. 1975. A laboratory study of effects of confining pressure on fracture flow and storage capacity in carbonate rocks. Journal of Petroleum Technology，7：21-27.

JSME Data Book. 2000. Thermophysical properties of fluids.

Jones F O，Owens W W. 1980. A laboratory study of low-permeability gas sands. Journal of Petroleum Technology，32 （9）：1631-1640.

Kirkpatrick S.1971. Classical transport in disordered media：scaling and effective medium theories. Physical Review Letters，27：1722-1725.

Kranz R L，Frankel A D，Engelder T，et al. 1979. The permeability of whole and jointed barre granite. International Journal of Rock Mechanics and Mining Science and Geomechanics Abstracts，16：225-334.

Li M，Bernabé Y，Xiao W L，et al. 2009a. Effective pressure law for permeability of E-bei sandstones. Journal of Geophysical Research，114.

Li M，Bernabé Y，Xiao W L. 2011. Non-linear effective pressure law for permeability：experimental methods and applications. Norway：the 9th Euroconference on Rock Physics and Geomechanics.

Lindquist W B，Venkatarangan A，Dunsmuir J et al. 2000. Pore and throat size distributions measured from synchrotron X-ray tomographic images of Fontainebleau sandstones. Journal of Geophysical Research, 105: 21509-21527.

Morrow C A, Shi L Q, Byerlee J D. 1984. Permeability of fault gouge under confining pressure and shear stress. Journal of Geophysical Research, 99: 3193-3200.

Morrow C A, Bo-Chong Z, Byerlee J D. 1986. Effective pressure law for permeability of westerly granite under cyclic loading. Journal of Geophysical Research, 91: 3870-3876.

Morrow C, Lockner D, Hickman S, et al. 1994. Effects of lithology and depth on permeability of core samples from the Kola and KTB drill holes. Journal of Geophysical Research, 99 (4): 7263-7274.

Muskhelish N I. 1953. Some basic problems of the mathematical theory of elasticity. Washington, DC: American Mathematical Society.

Nur A, Walls J D, Winkler, et al. 1980. Effects of Fluid Saturation on Waves in Porous Rock and Relations to Hydraulic Permeability. Society of Petroleum Engineers, 26 (2): 450-458.

Okabe H, Blunt M J. 2004. Prediction of permeability for porous media reconstructed using multiple-point statistics. Physical Review E, 70: 66-135.

Paterson M S. 1983. The equivalent channel model for permeability and resistivity in fluid-saturated rocks-a reappraisal. Mechanics of Materials, 2: 345-352.

Pillotti M. 2000. Reconstruction of Clastic Porous Media. Transport in Porous Media, 41: 35-64.

Rink M, Schopper J R.1968. Computation of network models of porous media. Journal of Geophysical Research, 16: 277-294.

Robin P Y F. 1973. Note on effective pressure. Journal of Geophysical Research, 78(14): 2434-2437.

Sahimi M. 1993. Flow phenomena in rocks-from continuum models to fractals, percolation, celluar automata, and simulated annealing. Reviews of Modern Physics, 65 (4): 1393-1534.

Seeburger D A, Nur A. 1984. A pore space model for rock permeability and bulk modulus. Journal of Geophysical Research, 89: 527-536.

Sigal R F. 2002. The pressure dependence of permeability. Petrophysics, 43 (2): 92-102.

Stauffer D. 2003. Aharony, Introduction to Percolation Theory. London: Taylor and Francis.

Terzaghi K. 1925. Principles of soil mechanics. Engineering News Record, 95: 987-996.

Thomas R D, Ward D C. 1972. Effect of overburden pressure and water on gas permeability of tight sandstone cores. Journal of Petroleum Technology, 120-124.

Todd T G. Simmons. 1972. Effect of pore pressure on the velocity of compresssional waves in low porosity rocks. Journal of Geophysical Research, 77 (2): 3731-3743.

Tsakiroglou C D, Fleury M. 1999. Pore network Analysis of resistivity index for water-wet porous media. Transport in Porous Media, 35: 89-128.

Vogel H J, Roth K. 2001. Quantitative morphology and network representation of soil pore structure. Advances in Water Resources, 24 (3): 233-242.

Walsh J B. 1981. Effect of pore pressure and confining pressure on fracture permeability. International Journal of Rock Mechanics and Mining Science and Geomechanics Abstracts, 18: 429-435.

Warpinski N R, Teufel L W. 1992. Determination of the effective stress law for permeability and deformation in low-permeability rocks . SPE Form Eval, 7 (2): 123-131.

Warpinski N R, Teufel L W. 1991. Effect of stress and pressure on gas flow through natural fractures . SPE 22666.

White F M. 1991. Viscous Fluid Flow (The Second Edition) . New York: McGraw-Hill Inc.

Wu K, Dijke M I J V, Couples G D, et al. 2006. 3D stochastic modelling of heterogeneous porous media – applications to reservoir rocks. Transport in Porous Media, 65 (3) : 443-467.

Yale D P. 1984. Network modeling of flow, storage, and deformation in porous rock. Calif.: Stanford University.

Young D M. 1971. Iterative Solution of Large Linear Systems. New York: Academic Press.

Yuan H H. 1981. The influence of pore coordination on petrophysical properties. SPE 10074.

Zimmerman R W. 1991. Compressibility of sandstones, New York: Elsevier.

Zoback M D, Byerlee J D. 1975. Permeability and effective stress . AAPG Bulletin, 59 (1): 154-158.

附　录　A

A1　孔隙壳状模型

孔隙壳状模型是针对鲕粒灰岩建立的。鲕粒灰岩是一种以鲕粒为主要组分的石灰岩，如图 A1-1 所示，图中鲕粒表现出似球状，被亮晶方解石胶结，鲕粒的含量约为 70%左右。它是一种良好的油气储集岩，常常形成大型的油气藏。

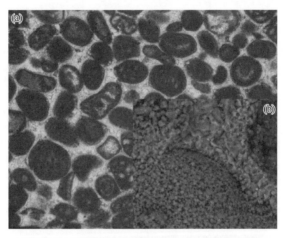

图 A1-1　法国南部地区某鲕粒灰岩的微观结构

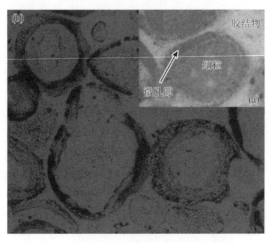

图 A1-2　鲕粒灰岩典型的孔隙分布特征

鲕粒灰岩典型的孔隙空间分布特征如图 A1-2 所示（图中（a）部分是铸体薄片观察图，（b）部分是环境扫描电镜观察图），鲕粒被类似球状的孔隙"包围"，且这些孔隙相互连通。于是，一个球型的概念模型（孔隙壳状模型，如图 A1-3 所示）被提出，且用于表征该类型的鲕粒灰岩。

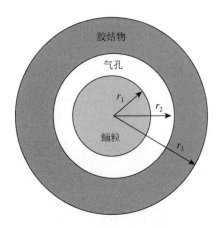

图 A1-3　孔隙壳状模型

对于孔隙壳状模型，其渗透率是 r_1 和 r_2 差值的函数，即有

$$k = f(r_2 - r_1) \tag{A1-1}$$

中心处鲕粒半径 r_1 与围压无关观，则有效应力系数的表达式为

$$\kappa = \frac{-\partial r_2 / \partial p_f + \partial r_1 / \partial p_f}{\partial r_2 / \partial p_c} \tag{A1-2}$$

根据 Lame 方程可知，球形模型径向应变方程与方程（1-18）一样。当外边界为 b 且受压力为 p_c，内边界为 a 且受压力为 p_f 时，方程（1-18）中的系数 A 和 B 的计算表达式为

$$A = \frac{p_f a^3 + p_c b^3}{(3\lambda + 2\mu)(b^3 - a^3)} \tag{A1-3}$$

$$B = \frac{(p_f - p_c)a^3 b^3}{4\mu(b^3 - a^3)} \tag{A1-4}$$

其中，λ、μ——Lame 常数。

对于中心处鲕粒颗粒，内径 $a=0$，外径 $b=r_1$，且 $p_c=p_f$；鲕粒的 Lame 常数标记为 λ_o 和 μ_o。结合方程（1-18）、方程（A1-3）和方程（A1-4），得到鲕粒的径向应变方程为

$$u(r) = \frac{-r_1}{3\lambda_o + 2\mu_o} \tag{A1-5}$$

则鲕粒半径对孔隙流体压力的偏导数为

$$\frac{\partial r_1}{\partial p_f} = \frac{-r_1}{3\lambda_o + 2\mu_o} \tag{A1-6}$$

对于胶结外环，$a=r_2$，$b=r_3$，其 Lame 常数标记为 λ_c 和 μ_c。结合方程（1-18）、方程（A1-3）和方程（A1-4），得到胶结环的径向应变方程为

$$u(r) = \frac{p_f r_2^3 - p_c r_3^3}{(3\lambda_c + 2\mu_c)(r_3^3 - r_2^3)} + \frac{(p_f - p_c)r_2^3 r_3^3}{4\mu_c(r_3^3 - r_2^3)r^2} \tag{A1-7}$$

则 r_2 对围压和孔隙流体压力的偏导数分别为

$$\frac{\partial r_2}{\partial p_c} = \frac{r_2 r_3^3}{(3\lambda_c + 2\mu_c)(r_3^3 - r_2^3)} - \frac{r_2 r_3^3}{4\mu_c(r_3^4 - r_2^4)} \tag{A1-8}$$

$$\frac{\partial r_2}{\partial p_f} = \frac{r_2^4}{(3\lambda_c + 2\mu_c)(r_3^3 - r_2^3)} + \frac{r_2 r_3^3}{4\mu_c(r_3^3 - r_2^3)} \tag{A1-9}$$

将方程（A1-6）、方程（A1-8）和方程（A1-9）代入方程（A1-2）中得到有效应力系数的表达式为

$$\kappa = 1 + \frac{4\mu_c \left[1 - (r_2/r_3)^3\right]}{3\lambda_c + 6\mu_c} \left[\frac{(3\lambda_c + 2\mu_c)r_1}{(3\lambda_o + 2\mu_o)r_2} - 1\right] \tag{A1-10}$$

用体积模量 K 和泊松比 ν 代替 Lame 常数，方程（A1-10）可改写为

$$\kappa = 1 + \left[1 - (r_2/r_3)^3\right]\frac{2(1 - 2\nu_c)}{3(1 - \nu_c)}\left(\frac{K_c r_1}{K_o r_2} - 1\right) \tag{A1-11}$$

基于 Bass（1995）的研究结果，设胶结物（方解石）的泊松比等于 0.3，那么方程（A1-11）进一步简化为

$$\kappa = 1 + \frac{8}{21}\left[1 - (r_2/r_3)^3\right]\left(\frac{K_c r_1}{K_o r_2} - 1\right) \tag{A1-12}$$

如果将图 A1-3 所示的孔隙壳状模型视为是圆形管模型，通过类似的球形模型的推导过程可以得到圆形管模型有效应力系数的表达式为（鲕粒的泊松比为 0.3）

$$\kappa = 1 + \frac{2}{7}\left[1 - (r_2/r_3)^2\right]\left(\frac{K_c r_1}{K_o r_2} - 1\right) \tag{A1-13}$$

对于给定的鲕粒灰岩，其孔隙半径（r_1、r_2、r_3）的变化很小，可视为某定值。于是根据方程（A1-12）和方程（A1-13）可发现，有效应力系数是胶结物弹性模量和鲕粒弹性模量比值的函数，有效应力系数随 K_c/K_o 比值的增加而增大，其中弹性模量可根据维氏硬度实验确定。

此外，以往研究还发现，根据方程（A1-12）和方程（A1-13）计算得到的有效应力系数差异较小。例如，结合 Ghabzloo 等（2009）的鲕粒灰岩微观参数进一步得到其岩石的有效应力系数表达式方程（（A1-14）对应球形模型，方程（A1-15）

对应圆形管模型）为

$$\kappa = 0.9 + 0.1\frac{K_c}{K_o} \tag{A1-14}$$

$$\kappa = 0.92 + 0.07\frac{K_c}{K_o} \tag{A1-15}$$

　　结合方程（A1-14）和方程（A1-15），以及鲕粒灰岩的维氏硬度实验测定的结果，计算得到研究的鲕粒灰岩的有效应力系数变化范围为 1.2～2.0，这与其实验测定值为 0.9～2.4 的结论一致。

A2　Berryman 双组分模型

　　Berryman 双组分模型（1992）如图 A2-1 所示，岩石由组分 1 和组分 2 构成，其中组分 1 包含有连通孔隙且可被流体饱和，组分 2 为岩石固体骨架部分，不包含孔隙。该模型不考虑孔隙的形状，两部分的变形在线弹性范围内（两部分在压力的作用下均匀的膨胀和压缩，其形状和相对位置不发生改变）。

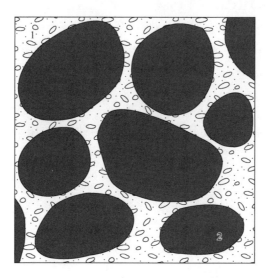

图 A2-1　Berryman 双组分岩石模型

注：1 区域为饱和流体的部分（含有连通的孔隙），2 区域为岩石固体骨架部分

　　当组分 1 的孔隙度为 100%，即组分 1 全是空隙，如图 A2-1 所示的双组分岩石就是单组分岩石，那么据此可建立单组分岩石渗透率有效应力规律模型。

　　Brown 和 Korringa（1975）定义了岩石的三个体积模量：

$$\frac{1}{K} = -\frac{1}{V}\left(\frac{\partial V}{\partial p_d}\right)_{p_f} \tag{A2-1}$$

$$\frac{1}{K_s} = -\frac{1}{V}\left(\frac{\partial V}{\partial p_f}\right)_{p_d} \tag{A2-2}$$

$$\frac{1}{K_\phi} = -\frac{1}{V_\phi}\left(\frac{\partial V_\phi}{\partial p_f}\right)_{p_d} \tag{A2-3}$$

其中，V——总的岩样体积；

　　V_ϕ——孔隙体积，$V_\phi = \phi V$；

　　$p_c = -Tr(\tau)/3 = -(\tau_{xx} + \tau_{yy} + \tau_{zz})/3$；

　　p_f——孔隙流体压力；

　　p_d——压差，$p_d = p_c - p_f$；

　　K——岩石体积模量，可通过通过实验测量获取，也被称为"夹持模量"

　　K_s——骨架固体体积模量，其测定相对更为简单，也被称为"非夹持模量"（unjacketed modulus）（Coyner，1984）。

　　当围压和孔隙流体压力增量相同时，有必要确定岩石总体积的变化量。如果骨架是均质的（即骨架固体仅由一种矿物组成），那么 K_s 就等于该组成组分的体积模量：

$$K_s = K_m \tag{A2-4}$$

　　如果骨架是非均质的（如其中含有两种或两种以上的矿物），K_s 是各矿物组分体积模量的平均值，一般采用 Voigt-Reuss-Hill 均值来估计。针对由两种不同矿物组成（材料模量分别为 $K_m^{(1)}$、$K_m^{(2)}$，骨架模量分别为 $K^{(1)}$、$K^{(2)}$）的岩石，Berryman（1991）提出了平均值的计算表达式：

$$\frac{1}{K_s} = \frac{x^{(1)}}{K_m^{(1)}} + \frac{x^{(2)}}{K_m^{(2)}} \tag{A2-5}$$

其中，权重满足 $x^{(1)} = 1 - x^{(2)} = \dfrac{1/K^{(2)} - 1/K}{1/K^{(2)} - 1/K^{(1)}}$。

　　体积模量 K 在 $K^{(1)}$、$K^{(2)}$ 之间变化，权重 $x^{(1)}$、$x^{(2)}$ 是非负的且为 0~1。因此，K_s 是各矿物组分模量的加权平均。

　　K_ϕ 比前述两个体积模量更难测定，因为其涉及孔隙体积变化量（当围压和孔隙流体压力增量相同时）。仅 Hall（1953）、Greenwald（1980）、Green 和 Wang（1986）

测定过 K_ϕ，既然如此，这些测试结果并未被大家所接受。如果骨架是均质的，那么 $K_\phi = K_m$（因为当压差 p_d 是常数时，孔隙度不变）；如果骨架是非均质的，那么 K_ϕ 的结果很复杂，与其矿物组分有关。然而，Berryman（1991）却找到了两组分岩石 K_ϕ 的准确表达式。

第四个体积模型，即有效孔隙体积模型的定义式为

$$\frac{1}{K_p} = -\frac{1}{V_\phi}\left(\frac{\partial V_\phi}{\partial p_d}\right)_{p_f} \tag{A2-6}$$

对比分析发现，K_p 与其他三个体积模量不是独立的（Brown、Korringa，1975；Berryman，1991），其相互关系式如下：

$$\frac{1}{K_p} = \frac{1}{\phi}\left(\frac{1}{K} - \frac{1}{K_s}\right) \tag{A2-7}$$

引入岩石总体积的有效应力系数 α，其表达式如下：

$$\alpha \equiv 1 - K / K_s \tag{A2-8}$$

那么方程（A2-8）可改写为

$$K_p = \phi K / \alpha \tag{A2-9}$$

K、ϕ 和 α 均是非负的，因此 K_p 是非负的。值得注意的是如果 K 和 ϕ 已知，那么 K_s 可以根据 K_p 计算得到，但依然这不得到 K_ϕ。

因为 $K \leqslant K_s$，所以 $\alpha \leqslant 1$。α 的上限值为 1，其下限值究竟是何值也是大家讨论的热点。接下来给出 α 的下限值确定的过程。

假设围压对孔隙体积的影响等于孔隙流体压力对骨架体积的影响，则

$$\left(\frac{\partial V_b}{\partial p_f}\right)_{p_c} = -\left(\frac{\partial V_\phi}{\partial p_c}\right)_{p_f} \tag{A2-10}$$

假设孔隙中有饱和流体，对应压力为 p_f，骨架体积应变为 $1/K_s$。如果完全卸载岩石的围压，那么孔隙扩张，骨架体积应变达到 $1/K$。于是围压不变时，骨架体积对孔隙流体压力的偏微分表达式为

$$\frac{1}{V_b}\left(\frac{\partial V_b}{\partial p_f}\right)_{p_c} = \left(\frac{1}{K} - \frac{1}{K_s}\right) \tag{A2-11}$$

根据方程（A2-10）和方程（A2-11）可得到如下表达式：

$$\frac{1}{V_b}\left(\frac{\partial V_\phi}{\partial p_c}\right)_{p_f} = -\left(\frac{1}{K}-\frac{1}{K_s}\right) \tag{A2-12}$$

由孔隙度的定义和微分法，有

$$\left(\frac{\partial \phi}{\partial p_c}\right)_{p_f} = \frac{\partial(V_\phi/V_b)}{\partial p_c} = \frac{1}{V_b}\frac{\partial V_\phi}{\partial p_c} - \frac{V_\phi}{V_b^2}\frac{\partial V_\phi}{\partial p_c}$$

$$= -\left(\frac{1}{K}-\frac{1}{K_s}\right) + \frac{V_\phi}{V_b}\frac{1}{K} = -\frac{1-\phi}{K}+\frac{1}{K_s} \tag{A2-13}$$

将方程（A2-13）代入方程（A2-12），可得

$$\left(\frac{\partial \phi}{\partial p_c}\right)_{p_f} = -\left(\frac{1}{K}-\frac{1}{K_s}\right) + \frac{V_\phi}{V_b}\frac{1}{K} = -\frac{1-\phi}{K}+\frac{1}{K_s} \tag{A2-14}$$

方程（A2-14）两边同乘以 K，有

$$K\left(\frac{\partial \phi}{\partial p_c}\right)_{p_f} = -(1-\phi) + \frac{K}{K_s} \tag{A2-15}$$

结合方程（A2-8）和方程（A2-15），有

$$\alpha = 1-\frac{K}{K_s} = \phi - K\left(\frac{\partial \phi}{\partial p_c}\right)_{p_f} \tag{A2-16}$$

以往研究发现孔隙度随着围压的增加而降低（图 A2-2），方程（A2-16）中右边第二项逐渐增大（其绝对值逐渐减小），有效应力系数也逐渐减小；当围压增大到一定时候，孔隙度不再随围压的变化而变化（孔隙度对围压的偏导数为零），对应形变有效应力系数为常数 ϕ，并达到最小值（即有效应力系数 α 的下限值为孔隙度）。

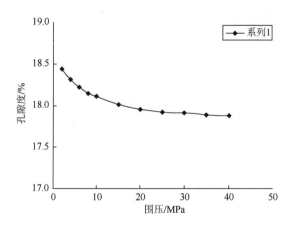

图 A2-2　孔隙度随围压的变化关系（代平，2006）

根据上面的定义式，各向同性多孔介质的应力与体积应变关系如下。

总的体积应变为

$$-\frac{\delta V}{V} = \frac{\delta p_d}{K} + \frac{\delta p_f}{K_s} = \frac{1}{K}(\delta p_c - \alpha \delta p_p) \qquad (A2-17)$$

孔隙体积应变

$$-\frac{\delta V_\phi}{V_\phi} = \frac{\delta p_d}{K_p} + \frac{\delta p_f}{K_\phi} = \frac{1}{K_p}(\delta p_c - \beta \delta p_f) \qquad (A2-18)$$

其中，$\alpha = 1 - K/K_s$，$\beta = 1 - K_p/K_\phi$。

渗透率 k 是长度平方的量纲，正比于岩石体积的 2/3 次方，因此渗透率的表达式可写为

$$k = \text{const} \times H \times V^{2/3} \qquad (A2-19)$$

其中，尺度不变量 H 仅与颗粒的相对位置有关，仅仅是围压和孔隙流体压力差的函数。类比多孔介质传导率的研究结果，可得到 H 变化率的表达式如下：

$$\frac{\delta H}{H} \approx n\frac{\delta \phi}{\phi} = -n\left(\frac{\alpha - \phi}{\phi K}\right)\delta p_d \qquad (A2-20)$$

基于渗透率 K-C 模型（方程（A2-21），Paterson，（1983）；Brace 和 Walsh，（1968）），方程（A2-20）中常数 n 近似于阿尔奇胶结指数：

$$k \approx \frac{\phi^2}{2s^2 F} \qquad (A2-21)$$

其中，s 为比表面积，$s^{-2} = \text{const} \times V^{2/3}$；$F$ 为地层因素。于是有 $H = \varphi^2/F = \varphi^{2+m}$ 且 $n = 2 + m$。

Adler 等（1990）发现，当 $n = 4.15$ 时，渗透率 $k \propto \phi^n$ 关联很好。Bernabé等（1987）发现 $\phi \leqslant 0.05$ 时，$n = 7$；$0.10 \leqslant \phi \leqslant 0.25$ 时，$4 \leqslant n \leqslant 5$；对 $0.15 \leqslant \phi \leqslant 0.30$ 的烧结玻璃和砂岩，$n = 3$。实验证明 $n = 4$ 是合理的。

根据方程（A2-17）、（A2-19）和（A2-20），有

$$\frac{\delta k}{k} = \frac{\delta H}{H} + \frac{2}{3}\frac{\delta V}{V} = -\left[n\left(\frac{\alpha - \phi}{\phi K}\right) + \frac{2}{3K}\right](\delta p_c - \kappa \delta p_p) \qquad (A2-22)$$

其中，渗透率有效应力系数 κ 的表达式如下：

$$\kappa = 1 - \frac{2\phi(1-\alpha)}{3n(\alpha-\phi)+2\phi} \leqslant 1 \tag{A2-23}$$

方程（A2-23）是单组分岩石有效应力系数的表达式；对于等效均质岩石，其有效应力系数是不会超过 1。

既然如此，当区域 1 的孔隙度小于 100%且其矿物组成的性质不同于区域 2 固体骨架组成的性质时（例如区域 1 是易于压缩的黏土矿物），假设区域 2 没有孔隙度，区域 1 组成矿物的骨架模量很小，于是得到以下的极限条件：$K^{(2)} = K_m^{(2)}$ $\alpha^{(2)} = \phi^{(2)} = 0$ $K^{(1)} \to 0$ $\alpha^{(1)} \to 1$，则有

$$\alpha = 1 - \frac{K}{K_m^{(2)}} \tag{A2-24}$$

$$\theta \to \alpha^{(1)} \to 1 \tag{A2-25}$$

$$K_s \simeq K_m^{02} \tag{A2-26}$$

此外，定义两个体积分数：$v_A = V^{(1)}/V$，$v_B = V^{(2)}/V$，且 $v_A + v_B = 1$（一般情况下，$v_A + v_B \leqslant 1$，因为组分之间可能存在裂缝或者其他敞开孔隙），此时总孔隙度表达式为

$$1 - \phi = v_A(1-\phi_1) + v_B(1-\phi_2) \tag{A2-27}$$

根据方程（A2-17）和（A2-18），有

$$\delta v_A = v_A \left[\frac{1}{K}(\delta p_c - \alpha \delta p_f) - \frac{1}{K^{(1)}}(\delta p_c^{(1)} - \alpha \delta p_f^{(1)}) \right] \tag{A2-28}$$

忽略围压的波动且假设 $\delta p_c^{(1)} = \delta p_c$，有

$$\delta v_A = \frac{1}{K_A}(\delta p_c - \theta \delta p_f), \quad \delta v_B = \frac{1}{K_B}(\delta p_c - \theta \delta p_f) \tag{A2-29}$$

其中，

$$\frac{1}{K_A} = v_A \left(\frac{1}{K} - \frac{1}{K^{(1)}} \right), \quad \frac{1}{K_B} = v_B \left(\frac{1}{K} - \frac{1}{K^{(2)}} \right) \tag{A2-30}$$

类似于电导率，双组分非均质岩石的有效渗透率可表示为（Dagan，1979）

$$k = G(k_1, k_2) = \frac{k_1}{F_A} + \frac{k_2}{F_B} + \int_0^\infty \frac{\xi(x)}{(1/k_1) + (x/k_2)} \tag{A2-31}$$

对于假设的双组分岩石模型，岩石固体骨架部分没有渗透性，即 $k_2 = 0$。无滑

脱边界情况的引入会导致流体流动变慢，渗透率降低，于是令 $k_2=0$ 得到的是渗透率的一个上限值，而不是准确估计，因此有

$$k \leqslant k^{(+)} = \frac{k_1}{F_A} \tag{A2-32}$$

只要区域 1（如黏土矿物）的渗透率小到砂岩颗粒边缘的存在对流体流动几乎没有影响时，渗透率估算到的上限值则与实际渗透率接近。根据方程（A2-19）和（A2-21），有

$$k_1 = \frac{\phi_1^2}{2s_1^2 F_1} = \text{const} \times \phi_1^{n_1} \times V_1^{2/3} \tag{A2-33}$$

其中，$n_1 = 2 + m_1$，$V_1 = v_A V$，那么渗透率有效应力公式可写为

$$\frac{\delta k^{(+)}}{k^{(+)}} = n_1 \frac{\delta\phi_1}{\phi_1} + \frac{2}{3}\left(\frac{\delta v_A}{v_A} + \frac{\delta V}{V}\right) + m_A \frac{\delta v_A}{v_A} = n_1 \frac{\delta\phi}{\phi} - q \frac{\delta v_A}{v_A} + \frac{2}{3}\frac{\delta V}{V}$$

$$= -\left[n_1\left(\frac{\alpha-\phi}{\phi K}\right) + \frac{q}{v_A K_A} + \frac{2}{3K}\right](\delta p_c - \kappa \delta p_p) \tag{A2-34}$$

其中，

$$q = n_1 - m_A - \frac{2}{3}$$

$$\phi = \phi_1 v_A$$

$$\kappa = 1 - \frac{3n_1(\alpha-\phi)(1-\chi) + 3K\phi q(1-\theta)/v_A K_A + 2\phi(1-\alpha)}{3n_1(\alpha-\phi) + 3K\phi q/v_A K_A + 2\phi}$$

$$= \alpha + \frac{3n_1(\alpha-\phi)(\chi-\alpha) + 3K\phi q(\theta-\alpha)/v_A K_A}{3n_1(\alpha-\phi) + 3K\phi q/v_A K_A + 2\phi} \tag{A2-35}$$

当区域 1 和区域 2 的固体组成部分性质一样时（表现为单组分岩石），$\theta=\chi=1$，$v_A=1$，$K_A \to \infty$，双组分岩石的有效应力系数表达式（方程（A2-35））就可简化为方程（A2-23）。与此同时，双组分岩石的有效应力系数的下限值也为岩石的孔隙度。

A3　双组分孔隙模型

致密砂岩中通常是（微）裂缝与孔隙并存，因此其中会存在三种变形机制：裂缝的变形、裂缝和岩石骨架颗粒同时变形、岩石骨架颗粒的变形。在围压增加或者孔隙流体压力降低的过程中，岩石的变形有可能以裂缝的变形为主（图 A3-1（a）），裂缝闭合后也是以岩石骨架颗粒的压缩变形为主（图 A3-1（d）），也可能是两者共同作用的结果，即裂缝和岩石骨架颗粒同时变形（图 A3-1（b））。为此，李闽等人提出了概念模型——双组分孔隙模型（图 A3-1），并解释了致密砂岩有效应力系数的响应特征。

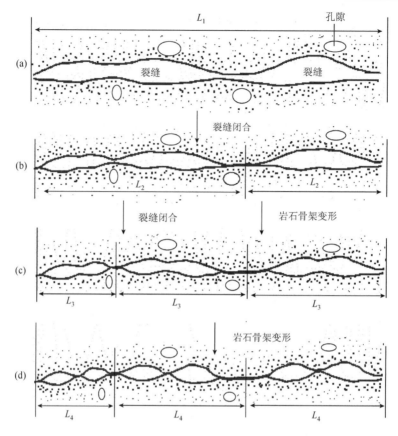

图 A3-1　双组分概念模型与致密砂岩岩石变形阶段示意图

　　渗透率有效应力理论研究所依据的孔隙介质类型主要分为两类：基于裂缝介质的渗透率有效应力研究，代表人是 Bernabe；还有就是基于孔隙型介质的渗透率有效应力研究，代表人是 Berryman。

　　Berryman 的研究成果已经在附录 A2 中有所介绍。他根据渗透率 k 是长度平方的量纲，推导了渗透率有效应力系数的计算表达式（在模型推导时假设固体骨架均匀、各向同性，岩石属于孔隙型介质）。当不考虑黏土矿物的影响时，对应的渗透率有效应力系数 κ 小于 1，且为常数，但他并未明确指出 κ 的下限值；后来有研究者推导得到其下限值为岩石的孔隙度 ϕ，即得到对应渗透率有效应力系数的变化范围是 $[\phi, 1]$。

　　Bernabe（1986）仅考虑了裂缝对岩石有效应力的影响，于是裂缝随有效应力增加而闭合的示意图如图 A3-2 所示。随有效应力的增加，裂缝壁的接触点也在不断增加，裂缝的宽度（L）也就不断地减小（由图 A3-2（a）中的 L_1

减小为图 A3-2（b）中的 L_2，一直降低到图 A3-2（d）中的 L_4）。当有效应力增加大一定大小时，裂缝随有效应力的增加将很难再闭合，裂缝的抗压能力显著增强，裂缝的性质也就变得很稳定。此时，这些裂缝不在表现为"缝"的特征，而是表现出"孔隙性"的特征，或者说裂缝性介质此时表现出了孔隙性介质的特征。

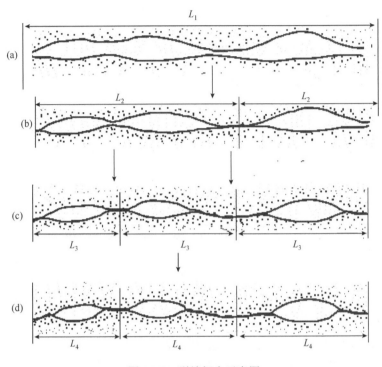

图 A3-2 裂缝闭合示意图

结合裂缝的变形特征，可以把裂缝随有效应力增加的闭合过程等效看成是"裂缝被分割"的过程。宽的裂缝被分割成了较小的裂缝，较小的裂缝随有效应力的增加和接触点的增多继续被分割，从而就形成了一系列的平行小裂缝。当裂缝很难再被分割时，这些小的裂缝就像是"管束"，性质变得很稳定。既然如此，就可以将裂缝视为椭圆。在最初有效应力很小的时候，裂缝具有相对较大的长和高，也就相当于一个具有较大的长半轴和短半轴的椭圆，随有效应力的增加，裂缝被分割成了更多更小的裂缝，也就相当于变成了更多更小的椭圆，直到裂缝变得稳定，裂缝的长和高也就相差不大，此时裂缝就相当于长半轴和短半轴很小且很接近的椭圆——近似为圆，此时多孔介质的性质就变得稳定。因此，裂缝就可等效为椭圆来研究（图 A3-3）。

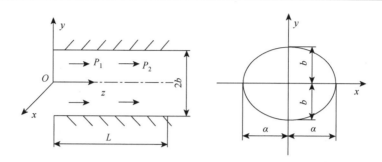

图 A3-3　裂缝等效为椭圆的示意图（邓海顺等，2004）

基于图 A3-3 所示模型,结合椭圆的性质和流体力学可确定裂缝介质的渗透率有效应力系数。假设固体骨架是由均匀、各向同性的介质组成,孔隙中的流动属于层流,流动状态稳定且流体不可压缩,并忽略重力的影响。首先,孔隙中的流体受纳维-斯托方程（N-S 方程）的控制,N-S 方程表示如下（袁恩熙,2002）：

$$
\begin{cases}
x-\dfrac{1}{\rho}\dfrac{\partial p}{\partial x}+v\nabla^2 u_x+v\dfrac{\partial}{\partial x}\left(\dfrac{\partial u_x}{\partial x}+\dfrac{\partial u_y}{\partial y}+\dfrac{\partial u_z}{\partial z}\right)=\dfrac{\mathrm{d}u_x}{\mathrm{d}t}\\[2mm]
y-\dfrac{1}{\rho}\dfrac{\partial p}{\partial y}+v\nabla^2 u_y+v\dfrac{\partial}{\partial y}\left(\dfrac{\partial u_x}{\partial x}+\dfrac{\partial u_y}{\partial y}+\dfrac{\partial u_z}{\partial z}\right)=\dfrac{\mathrm{d}u_y}{\mathrm{d}t}\\[2mm]
z-\dfrac{1}{\rho}\dfrac{\partial p}{\partial z}+v\nabla^2 u_z+v\dfrac{\partial}{\partial z}\left(\dfrac{\partial u_x}{\partial x}+\dfrac{\partial u_y}{\partial y}+\dfrac{\partial u_z}{\partial z}\right)=\dfrac{\mathrm{d}u_z}{\mathrm{d}t}
\end{cases}
\tag{A3-1}
$$

其中,$\nabla^2=\dfrac{\partial^2 0}{\partial x^2}+\dfrac{\partial^2 0}{\partial y^2}+\dfrac{\partial^2 0}{\partial z^2}$；$v=\dfrac{\mu}{\rho}$,$\rho$ 和 μ 是流体的密度和黏度；x、y 和 z 分别为三个方向上的质量力；u_x、u_y 和 u_z 分别表示三个方向上的速度。

结合假设条件,可以得到如下关系：

$$
\begin{cases}
x=y=z=0\\[2mm]
\dfrac{\mathrm{d}u_x}{\mathrm{d}t}=\dfrac{\mathrm{d}u_y}{\mathrm{d}t}=\dfrac{\mathrm{d}u_z}{\mathrm{d}t}=0\\[2mm]
\dfrac{\partial u_x}{\partial x}+\dfrac{\partial u_y}{\partial y}+\dfrac{\partial u_z}{\partial z}=0\\[2mm]
u_x=0,u_y=0,u_z=u
\end{cases}
\tag{A3-2}
$$

将式（A3-2）代入式（A3-1）得

$$
\frac{\partial^2 u}{\partial x^2}+\frac{\partial^2 u}{\partial y^2}=\frac{1}{\mu}\frac{\mathrm{d}p}{\mathrm{d}z}
\tag{A3-3}
$$

式（A3-3）就是椭圆孔隙中的流动方程。

由于 u 与 z 轴无关,可以把式（A3-3）改写为

$$\begin{cases} \dfrac{\partial^2 u}{\partial x^2} = \dfrac{C_1}{\mu}\dfrac{\mathrm{d}p}{\mathrm{d}z} \\ \dfrac{\partial^2 u}{\partial y^2} = \dfrac{C_2}{\mu}\dfrac{\mathrm{d}p}{\mathrm{d}z} \end{cases} \tag{A3-4}$$

其中，$C_1 + C_2 = 1$，并且 C_1 和 C_2 是大于零的常数。

对式（A3-4）积分，有

$$\begin{cases} u = \dfrac{C_1}{2\mu}\dfrac{\mathrm{d}p}{\mathrm{d}z}x^2 + C_3(y)x + C_4(y) \\ u = \dfrac{C_2}{2\mu}\dfrac{\mathrm{d}p}{\mathrm{d}z}y^2 + C_5(x)y + C_6(x) \end{cases} \tag{A3-5}$$

在 (x, y) 处于 $(0, 0)$ 时，u 达到最大值，即：

$$\left.\dfrac{\partial u}{\partial x}\right|_{x=0, y=0} = \left.\dfrac{\partial u}{\partial y}\right|_{x=0, y=0} = 0 \tag{A3-6}$$

那么，就有

$$\begin{cases} u = \dfrac{C_1}{2\mu}\dfrac{\mathrm{d}p}{\mathrm{d}z}x^2 + C_4(y) \\ u = \dfrac{C_2}{2\mu}\dfrac{\mathrm{d}p}{\mathrm{d}z}y^2 + C_6(x) \end{cases} \tag{A3-7}$$

于是得到椭圆孔隙中的流体流动方程的一般式为

$$u = \dfrac{1}{2\mu}\dfrac{\mathrm{d}p}{\mathrm{d}z}(C_1 x^2 + C_2 y^2) + C_0 \tag{A3-8}$$

结合条件：

$$\begin{cases} x = \pm a, y = 0, u = 0 \\ y = \pm b, x = 0, u = 0 \\ C_1 + C_2 = 1 \end{cases} \tag{A3-9}$$

可以解得三个系数的值：

$$\begin{cases} C_1 = \dfrac{b^2}{a^2 + b^2} \\ C_2 = \dfrac{b^2}{a^2 + b^2} \\ C_0 = -\dfrac{1}{2\mu}\dfrac{\mathrm{d}p}{\mathrm{d}z}\dfrac{a^2 b^2}{a^2 + b^2} \end{cases} \tag{A3-10}$$

因此，椭圆孔隙中的流体流动方程为

$$u = \dfrac{1}{2\mu}\dfrac{a^2 b^2}{a^2 + b^2}\dfrac{\mathrm{d}p}{\mathrm{d}z}\left(\dfrac{x^2}{a^2} + \dfrac{y^2}{b^2} - 1\right) \tag{A3-11}$$

于是，椭圆横截面积上的微元流量为

$$dQ = udA = \frac{1}{2\mu}\frac{a^2b^2}{a^2+b^2}\frac{dp}{dz}\left(\frac{x^2}{a^2}+\frac{y^2}{b^2}-1\right)dxdy \qquad （A3-12）$$

对式（A3-12）积分可以得到经过椭圆孔隙的流量 Q 为

$$Q = -\frac{\pi a^3 b^3}{4\mu(a^2+b^2)}\frac{dp}{dz} \qquad （A3-13）$$

结合达西渗流公式，可以得到椭圆孔隙的渗透率表达式为

$$k = \frac{a^2b^2}{4(a^2+b^2)} \qquad （A3-14）$$

根据微分的定义，有

$$dk = \frac{\partial k}{\partial a}da + \frac{\partial k}{\partial b}db = \frac{ab}{2(a^2+b^2)^2}(b^3 da + a^3 db) \qquad （A3-15）$$

a 和 b 与围压和孔隙流体压力的关系（Bernabe，1986）如下：

$$\begin{cases} \partial a / \partial \sigma = -b(1-\nu)/G \\ \partial a / \partial p = -\partial a / \partial \sigma - a(1-2\nu)/2G \\ \partial b / \partial \sigma = -a(1-\nu)/G \\ \partial b / \partial p = -\partial b / \partial \sigma - b(1-2\nu)/2G \end{cases} \qquad （A3-16）$$

将式（A3-16）代入式（A3-15），有

$$\begin{aligned} dk &= \frac{ab}{2(a^2+b^2)^2}b^3\left\{-\frac{b(1-\nu)}{G}dp_c - \left[\frac{\partial a}{\partial P_c} + \frac{a(1-2\nu)}{2G}\right]dp_f\right\} \\ &+ \frac{ab}{2(a^2+b^2)^2}a^3\left\{-\frac{a(1-\nu)}{G}dp_c - \left[\frac{\partial b}{\partial P_c} + \frac{b(1-2\nu)}{2G}\right]dp_f\right\} \end{aligned} \qquad （A3-17）$$

当孔隙流体压力不变（$dp=0$），围压变化微量 δp（$d\sigma=\delta p$）时，渗透率的变化值 δk_c 为

$$\delta k_c = -\frac{(1-\nu)}{2G}\frac{ab}{(a^2+b^2)^2}(a^4+b^4)\,\delta p \qquad （A3-18）$$

当围压不变（$d\sigma=0$），孔隙流体压力变化微量 δp（$dp=\delta p$）时，渗透率的变化值 δk_p 为

$$\delta k_p = -\delta k_c - \frac{ab}{2(a^2+b^2)^2}\left[\frac{a(1-2\nu)}{2G} + \frac{b(1-2\nu)}{2G}\right]\delta p \qquad （A3-19）$$

设椭圆的纵横比为 $\varepsilon = b/a$，则式（A3-18）和式（A3-19）可以写为

$$\delta k_c = -\delta P(1-\nu)a^2\varepsilon(\varepsilon^4+1)/2G(\varepsilon^2+1)^2 \qquad （A3-20）$$

$$\delta k_p = \delta k_c - \delta P(1-2\nu)a^2\varepsilon^2/4G(\varepsilon^2+1) \qquad （A3-21）$$

根据渗透率有效应力系数定义，有

$$\kappa = 1 - \frac{(1-2\nu)\varepsilon(\varepsilon^2+1)}{2(1-\nu)(\varepsilon^4+1)}$$　　　　　（A3-22）

当 $\varepsilon=0$，相当于无限长裂缝时，$\kappa=1$；当 $\varepsilon=1$，裂缝截面退化为圆形毛管管道时，$\kappa=(1+\nu)/2$。

因此，裂缝性介质渗透率有效应力系数的变化范围是[（1+ν）/2，1]，与泊松比有关，实际上无限长的裂缝是不存在的，κ 值应该小于 1。对于砂岩（陈平等，2005），泊松比的变化范围是[0.1，0.5]，则砂岩有效应力的系数为 0.55～1.0；如果取泊松比为 0，得到的最小的有效应力系数值是 0.5。

致密砂岩的实验结果表明，有效应力系数是变化的，且变化范围是[φ，1]，这很明显不能用单一孔隙介质模型研究成果来解释。然而，用双组分孔隙模型能更为恰当地解释观察到的实验现象。当围压一定，当孔隙流体压力很高时，裂缝处于张开状态。当裂缝无限长时，渗透率有效应力系数为 1，但是这种理想的情况一般不会出现，因此，有效应力系数 κ 小于 1。而随着孔隙流体压力的降低，裂缝将闭合，裂缝间的支撑点会不断增加，此过程主要受裂缝变形的控制，渗透率有效应力系数会表现出较大的值。随着孔隙流体压力的进一步降低，裂缝将继续闭合，裂缝的抗压能力会变得越来越强，裂缝的闭合也会变得越来越困难，裂缝开始慢慢表现出孔隙的特征，岩石的骨架颗粒受压缩变形的特征也慢慢地变得显著。这一阶段，岩石中同时存在裂缝和岩石骨架颗粒的变形，由这一变形机制控制的渗透率有效应力系数介于裂缝变形的有效应力系数的上限值和岩石骨架颗粒变形的下限值之间，而且随孔隙流体压力的降低，有效应力系数值不断减小；孔隙流体压力继续下降，裂缝会完全闭合或者变得具有孔隙的性质，岩石进入了骨架颗粒的变形阶段，随着有效应力的增加，渗透率有效应力系数就可能达到其下限值，即与孔隙度大小一样。于是，渗透率有效应力系数的变化范围就表现为在孔隙度和 1 之间，并且随孔隙流体压力的降低而减小，随围压的增加而减小。此外，需要指出的是，一旦岩石受力裂缝闭合，孔隙空间将减小，起沟通作用的孔隙也将变得更小，因此，渗透率有效应力系数的下限值就会变得很小，有可能小于测定的孔隙度值。只是如何从理论上推导出“裂缝+孔隙”双组分孔隙模型的有效应力系数，仍需要进一步研究。

附 录 B

表 B-1　陆源碎屑类型及其百分数

序号	岩样编号	石英/%	燧石/%	长石/%	岩屑/%	云母/%	碎屑总量/%
1	D47-6	85	—	3	12	—	91
2	S4	45	11	<1	43	1	95
3	S8	43	15	<1	40	2	96
4	S10	55	13	<1	31	1	97
5	DT1-8	42	5	7	46	—	90
6	D141-7	78	—	2	19	1	93
7	D8-10	59	2	5	31	3	89
8	D8-12	57	4	6	31	2	90
9	D8-15	82	3	6	9	—	89
10	D13-4	68	2	2	27	—	91
11	D8-9	65	2	3	30	—	89
12	D24-2	55	2	2	40	1	89
13	D24-4	52	4	5	38	1	92
14	D24-7	52	—	3	44	1	90
15	D66-3	85	—	6	9	—	92
16	D15-1	65	—	7	28	—	87
17	D15-2	56	5	8	30	1	88
18	DK13-6	90	—	5	5	—	88
19	DK22-2	92	—	1	7	—	92
20	DK22-8	—	—	—	—	—	—
21	D23-1	90	—	2	8	—	90
22	D23-8	78	3	3	15	1	92
23	HH103-3	42	—	21	35	2	84
24	ZJ20-18	35	—	37	24	4	87
25	MJ5515	55	—	13	28	4	92
26	075597	46	—	19	30	4	91
27	075516	42	—	25	29	4	92

表 B-2 硬质岩屑类型及百分比

序号	岩样编号	花岗岩屑/%	喷出岩屑/%	石英岩屑/%	多晶石英屑/%	碳酸盐岩屑/%	白云母石英片岩屑/%	隐晶岩屑/%	砂岩屑/%	其他岩屑/%	合计/%
1	D47-6	—	—	—	4	—	—	2	—	—	6
2	S4	—	—	—	—	—	—	—	—	—	—
3	S8	—	—	—	—	—	—	—	—	—	—
4	S10	—	—	—	—	—	—	—	—	—	—
5	DT1-8	—	—	—	15	—	—	18	3	—	36
6	D141-7	—	—	—	7	—	—	1	5	—	13
7	D8-10	1	—	1	5	—	1	2	12	3	25
8	D8-12	—	—	—	10	—	—	2	8	—	20
9	D8-15	—	—	—	5	—	—	1	—	—	6
10	D13-4	—	—	—	11	—	—	4	5	—	20
11	D8-9	—	—	3	15	1	—	4	5	—	28
12	D24-2*	—	3	2	1	8	1	5	6	2	28
13	D24-4	2	—	3	7	—	—	5	6	—	23
14	D24-7	1	—	3	10	—	—	3	6	—	23
15	D66-3	—	—	—	5	—	—	1	2	—	8
16	D15-1*	—	3	8	1	—	—	2	5	2	21
17	D15-2	3	—	2	7	—	—	2	8	—	22
18	DK13-6	—	—	—	1	—	—	-	3	—	4
19	DK22-2	—	—	—	3	—	—	1	1	—	5
20	DK22-8	—	—	—	-	—	—	—	—	—	—
21	D23-1	—	—	—	6	—	—	1	—	—	7
22	D23-8	—	—	—	7	—	—	—	3	—	10
23	HH103-3	—	6	4	3	—	1	5	7	—	26
24	ZJ20-18	1	3	4	7	—	2	3	—	—	20
25	MJ5515	1	—	2	4	7	—	3	2	—	19
26	075597	3	1	5	6	4	2	3	1	—	25
27	075516	3	1	3	2	5	2	3	1	—	20

注:"*"所示岩样中的其他岩屑表示脉石岩屑。

表 B-3　软质岩屑类型及百分比

序号	岩样编号	泥岩屑/%	粉砂岩屑/%	板岩屑/%	千枚岩屑/%	低副变质岩屑/%	其他岩屑/%	合计/%
1	D47-6	1	5	—	—	—	—	6
2	S4	—	—	—	—	—	—	—
3	S8	—	—	—	—	—	—	—
4	S10	—	—	—	—	—	—	—
5	DT1-8	8	2	—	—	—	—	10
6	D141-7	1	1	—	—	4	—	6
7	D8-10	3	2	1	—	—	—	6
8	D8-12	4	2	2	3	—	—	11
9	D8-15	1	2	—	—	—	—	3
10	D13-4	1	3	1	1	1	—	7
11	D8-9	2	—	—	—	—	—	2
12	D24-2	4	6	1	1	—	—	12
13	D24-4	3	8	1	1	1	1	15
14	D24-7[*]	11	5	1	1	—	3	21
15	D66-3	1	—	—	—	—	—	1
16	D15-1	6	—	—	—	—	—	6
17	D15-2	3	3	1	1	—	—	8
18	DK13-6	—	1	—	—	—	—	1
19	DK22-2	1	1	—	—	—	—	2
20	DK22-8[*]	—	—	—	—	—	—	—
21	D23-1	1	—	—	—	—	—	1
22	D23-8	1	4	—	—	—	—	5
23	HH103-3[*]	5	2	—	—	1	1	9
24	ZJ20-18	1	2	1	—	—	—	4
25	MJ5515[*]	1	—	2	2	2	2	9
26	075597	2	1	1	1	—	—	5
27	075516	1	2	1	2	1	2	9

注："*" 所示岩样包含富有机质的泥质类岩屑；S4、S8、S10 和 DK22-8 未进行特殊的铸体薄片分析。

表 B-4　填隙物类型及组成

| 序号 | 岩样编号 | 填隙物-铸体薄片分析/% | | | | | | | | | TCCM/% |
		泥质	方解石	白云石	石英加大	自生石英	伊利石	高岭石	蒙脱石	绿泥石	
1	D47-6	5	1	—	1	<1	—	3	—	—	14.6
2	S4	<3	—	—	—	1	>1	—	—	—	—
3	S8	<2	<1	—	—	1	>1	—	—	—	—
4	S10	<1	<1	—	—	1	>1	—	—	—	—
5	DT1-8	5	—	1	<1	<1	1	3	<1	—	24.8
6	D141-7	3	<1	1	3	<1	<1	—	—	—	20.5
7	D8-10	5	—	—	1	<1	2	3	—	—	30.8
8	D8-12	3	—	—	1	—	1	5	—	—	16.9
9	D8-15	2	1	—	2	<1	—	6	—	—	—
10	D13-4[+]	3	<1	—	2	<1	—	4	—	—	—
11	D8-9	4	2	—	2	—	—	3	—	—	—
12	D24-2	5	4	—	<1	1	1	—	—	—	21.1
13	D24-4	3	<1	—	2	1	—	—	—	1	26.7
14	D24-7	8	—	—	<1	<1	1	—	—	1	—
15	D66-3	1	—	—	1	3	—	2	—	1	—
16	D15-1	2	1	—	2	—	—	8	—	—	—
17	D15-2	3	2	—	1	<1	—	6	—	<1	28.1
18	DK13-6	1	<1	—	2	1	—	8	—	—	—
19	DK22-2	5	<1	—	<1	<1	1	—	1	—	13.8
20	DK22-8	—	—	—	—	—	—	—	—	—	7.9
21	D23-1	3	4	—	2	<1	—	1	—	—	4.8
22	D23-8	4	—	—	2	1	1	—	—	—	18.5
23	HH103-3	1	2	—	2	<1	—	5	—	2	28.5
24	ZJ20-18	2	5	—	<1	<1	—	4	—	2	22.1
25	MJ5515	3	2	1	<1	<1	1	—	—	1	19.5
26	075597	3	3	1	<1	<1	—	—	—	1	15.5
27	075516	3	2	1	<1	<1	2	—	—	<1	25.2

注："+"所示岩样胶结物含有微量的黄铁矿；"TCCM"表示经 X-衍射实验得到的黏土矿物总量。

表 B-5　骨架颗粒的结构特征

序号	岩样编号	风化程度	分选性	胶结类型	粒径/mm	
					最大粒径	粒径范围
1	D47-6	深	中	孔隙	2.28	0.65~1.6
2	S4	深	中	孔隙	2.4	0.8~1.7
3	S8	深	中	孔隙	8.0	0.9~2.3
4	S10	深	中	孔隙	2.2	0.8~1.5
5	DT1-8	深	中	接触-孔隙	2.25	0.85~1.5
6	D141-7	深	中	加大-孔隙	0.75	0.25~0.48
7	D8-10	深	中	孔隙	1.5	0.38~0.72
8	D8-12	深	中	孔隙	1.2	0.35~0.65
9	D8-15	中	中	孔隙	1.5	0.55~1.2
10	D13-4	深	差	孔隙	2.8	0.65~1.5
11	D8-9	深	中	孔隙	3.5	0.58~1.7
12	D24-2	深	差	压嵌-孔隙	2.3	0.55~1.6
13	D24-4	中差	中	孔隙	6.8	0.35~0.8
14	D24-7	中	中	薄膜-孔隙	0.95	0.35~0.72
15	D66-3	中	中	薄膜-孔隙	2.1	0.62~1.5
16	D15-1	深	中	孔隙	4.1	0.58~1.5
17	D15-2	深	中	孔隙	2.3	0.38~0.78
18	DK13-6	深	中	孔隙	1.65	0.45~1.1
19	DK22-2	中	中	孔隙	1.8	0.55~1.5
20	DK22-8	—	中	孔隙	—	—
21	D23-1	中	差	孔隙-嵌晶	2.25	0.58~1.43
22	D23-8	中	中	加大-孔隙	2.15	0.52~1.5
23	HH103-3	中深	中	薄膜-孔隙	0.8	0.15~0.5
24	ZJ20-18	中深	好	薄膜-孔隙	0.35	0.15~0.25
25	MJ5515	深	好	薄膜-孔隙	0.26	0.09~0.18
26	075597	深	好	薄膜-孔隙	0.28	0.10~0.20
27	075516	深	好	薄膜-孔隙	0.26	0.08~0.18

表 B-6 溶解作用和压实强度

序号	岩样编号	溶解类型及百分比/%							接触类型及百分比/%		
		长石	岩屑	杂基	粒间	云母	方解石	高岭石	点	线	凹凸
1	D47-6	—	6.5	4	—	—	0.5	2	10	90	—
2	S4	—	—	—	—	—	—	—	—	—	—
3	S8	—	—	—	—	—	—	—	—	—	—
4	S10	—	—	—	—	—	—	—	—	—	—
5	DT1-8	3	0.7	0.5	—	—	—	0.5	10	90	—
6	D141-7	1.5	2	0.1	1.4	0.1	—	—	—	70	30
7	D8-10	—	0.5	0.5	—	—	—	—	—	95	5
8	D8-12	0.6	—	0.5	—	—	—	0.4	—	90	10
9	D8-15	—	1.9	1	1.5	—	—	0.6	—	95	5
10	D13-4	—	2.1	1	1.8	—	—	1.1	5	95	—
11	D8-9	—	3.7	3	4	—	0.3	2	10	90	—
12	D24-2	1.4	3.1	0.5	—	—	—	—	—	80	20
13	D24-4	1.2	1.8	0.5	—	—	—	—	5	95	—
14	D24-7	2.1	1.5	2	1	0.4	—	—	30	70	—
15	D66-3	3.1	1.8	—	2	—	—	0.1	5	95	—
16	D15-1	—	0.8	1	0.4	—	—	2.8	5	95	—
17	D15-2	—	0.5	0.1	0.1	—	—	1	—	95	5
18	DK13-6	2.1	1.5	0.1	0.3	—	—	3.5	5	85	10
19	DK22-2	—	2	1	1	—	—	—	20	75	5
20	DK22-8	—	—	—	—	—	—	—	—	—	—
21	D23-1	—	1	1	3	—	—	—	5	95	—
22	D23-8	1.2	1.5	1	0.3	—	—	—	—	80	20
23	HH103-3	0.8	0.2	—	—	—	—	—	10	90	—
24	ZJ20-18	0.6	0.4	—	—	—	—	—	10	90	—
25	MJ5515	3	1.5	1	0.2	0.3	—	—	8	92	—
26	075597	1	0.4	1	0.4	0.2	—	—	5	95	—
27	075516	2	0.8	1	1.7	0.5	—	—	5	90	5